国家自然科学基金(61305125,61703288)
辽宁省自然科学基金计划重点项目(20180520037)

SLAM 原理与 MATLAB 仿真应用

袁 帅 著

中国矿业大学出版社
· 徐州 ·

图书在版编目(CIP)数据

SLAM 原理与 MATLAB 仿真应用 / 袁帅著. —徐州：
中国矿业大学出版社，2019.10

ISBN 978-7-5646-1361-7

Ⅰ.①S… Ⅱ.①袁… Ⅲ.①移动式机器人－研究②
计算机仿真－Matlab 软件 Ⅳ.①TP242②TP317

中国版本图书馆 CIP 数据核字(2019)第 233143 号

书　　名	SLAM 原理与 MATLAB 仿真应用
著　　者	袁　帅
责任编辑	仓小金
出版发行	中国矿业大学出版社有限责任公司
	（江苏省徐州市解放南路　邮编 221008）
营销热线	(0516)83884103　83885105
出版服务	(0516)83995789　83884920
网　　址	http://www.cumtp.com　**E-mail**:cumtpvip@cumtp.com
印　　刷	徐州中矿大印发科技有限公司
开　　本	787 mm×960 mm　1/16　**印张** 13.5　**字数** 255 千字
版次印次	2019 年 10 月第 1 版　2019 年 10 月第 1 次印刷
定　　价	38.00 元

（图书出现印装质量问题,本社负责调换）

前　言

　　机器人技术由多种先进技术构成,它反映了一个国家工业自动化发展的水平,对国防、社会、科学技术等方面均具有重要的战略意义。在各种未知、复杂的环境中,实现自主导航是移动机器人执行任务的前提,而移动机器人同时定位与构建地图(simultaneous localization and mapping,SLAM)是机器人实现完全自主导航的基础和关键技术。

　　机器人同时定位与建图的常用方法是以卡尔曼滤波为数学理论基础的方法,包括扩展卡尔曼滤波算法、无迹卡尔曼滤波算法与粒子滤波等算法,这些方法具有严密的逻辑推导过程,受到研究者的广泛关注。目前这些方法还存在一致性与收敛性、粒子退化、定位与建图过程中计算量剧增等问题。本书通过对相关内容的详细研究与探讨,利用 MATLAB 软件开发环境,对典型滤波SLAM 方法,即 EKF-SLAM(extended Kalman filter SLAM)算法进行仿真实现,为相关研究开发人员提供参考。

　　首先,本书针对 EKF-SLAM 算法的不一致性及收敛性问题进行了深入研究,通过分析滤波器系统的能观测性,提出一种增加能观测性约束条件的算法,使得 EKF-SLAM 非线性系统中观测方程能观矩阵的秩保持一致,提高定位与建图中状态估计的精确性和协方差一致性。

　　其次,为了减少粒子滤波中重采样方差,提高粒子滤波算法精度,本书提出了二次重采样算法。然后,针对粒子多样性匮乏问题,从重要性分布的选取和重采样算法的改进两个方面入手,提出了高斯辅助粒子滤波算法,将即时的观测值信息引入重要性概率密度函数当中,对重采样粒子的状态进行高斯变换以增强粒子的多样性,并对变换后的粒子权值进行调节,以改善常规粒子滤波算法造成的权值退化及多样性缺失问题。

　　最后,针对 UFastSLAM(Unscented FastSLAM)方法存在运行时间长、无法满足实时性的问题,提出了一种基于局部采样的 UFastSLAM 方法。该方法先对一致性问题进行分析,证明 UKF(unscented Kalman filter SLAM)在Sigma 点的尺度参数选取合适的情况下,局部采样和全局采样估计精度相同,并在局部采样的基础上,用等效雅可比矩阵线性乘积形式表示滤波过程中各变量之间的协方差矩阵,使 UKF 具有类似于 EKF 的线性结构,降低计算的复杂度。

本书第 1 章简述了机器人导航的同时定位与建图基本理论、目前的主要研究方法;第 2 章分析了 SLAM 算法的基本理论;第 3 章是相关 MATLAB 仿真基础概述;第 4 章是基于卡尔曼滤波的 SLAM 方法研究;第 5 章是基于能观测性的 EKF-SLAM 收敛性与一致性研究;第 6 章是基于粒子滤波的 SLAM 方法研究;第 7 章是基于局部采样方法的 UFastSLAM 方法研究;第 8 章 EKF-SLAM 滤波方法的 MATLAB 仿真实现。

本书针对 SLAM 滤波方法中存在的问题,提出了改进,并进行了仿真验证,仿真结果表明所提出方法和理论的有效性,在提升基于 SLAM 算法的一致性与收敛性、运算速度、可靠性与稳定性等方面效果明显,为移动机器人的深入应用奠定了基础。

本书由袁帅、张凤、侯静等编写。第 1 章由袁帅、孙阳编写;第 2,3,4,7 章由张凤、李思奇编写;第 5 章由袁帅、孙阳编写;第 6 章由侯静、宋昊霖编写;第 8 章由侯静、张莺凡、李思奇编写;袁帅、张凤对全书进行了统稿。

本书的研究工作得到了国家自然科学基金(项目批准号:61305125,61703288),辽宁省自然科学基金计划重点项目(项目批准号:20180520037)的资助,在此一并感谢。

著者

2019.1

目　录

第1章 绪 论

1.1 移动机器人导航

1.1.1 研究背景

机器人(Robot)是能自动执行某项工作的机器装置,一般由执行机构、驱动装置、检测装置和控制系统和复杂机械等组成,是集机械、电子、控制、传感、人工智能等多学科先进技术于一体的自动化装备。它既可以接受人类指挥,运行预先编排的程序,也能够根据人工智能技术制定的原则纲领行动。机器人的任务是协助或取代人类工作,例如生产业、建筑业或是某项危险工作[1-3]。

自1956年机器人产业诞生后,经过60多年发展,机器人已经被广泛应用于装备制造、新材料、生物医药、智慧新能源等高新产业。机器人与人工智能技术、先进制造技术和移动互联网技术的融合发展,推动了人类社会生活方式的变革[4]。

当前,全球智能机器人市场规模持续扩大,工业机器人市场增长回落,服务、特种机器人增速稳定。技术创新围绕仿生结构与感知技术、人工智能 AI 与物联网、5G 通信、云技术平台与大数据、人机协作不断深入,产品在工业制造、教育陪护、医疗康复、特种作业等领域的应用持续拓展,企业持续优化产品性能,前瞻布局机器人智能应用,全球机器人产业正稳步增长。

(1) 机器人的发展现状

自从1961年在美国诞生世界第一台工业机器人以来,接着美国生产出第一台坐标型机器人。1969年,日本研发出第一台以双臂走路的机器人。与此同时日本,德国等国家投入巨资研发机器人,工业机器人技术发展迅速。1984年,美国推出医疗服务机器人,可在医院里为病人送食、送药。1999年,日本索尼公司推出大型机器人爱宝(AIBO)。随着感知、计算、控制等技术的迭代升级,从图像识别、自然语音处理、深度认知学习等人工智能技术在机器人领域的深入应用,机器人领域应用范围日趋扩大,呈现出多样化和智能化的发展趋势。

近年来,工业机器人的发展逐渐趋向成熟,而人类对于机器人的技术也有更高的要求。随着神经网络和深度学习技术的快速发展,加入了图像识别、语音识别、自然语音处理等技术的实用化突破,显著提升了智能机器人感知、交互、决策能力,进一步完善了机器人的功能和性能,加速智能机器人在新领域的诞生。例如协作机器人、智能服务机器人、特种机器人、仿人机器人等方面均取得不错的效果。

在协作机器人方面,其实是工业机器人的技术延伸。因为传统工业机器人外侧有保护围栏或者其他屏障用来避免人类受到伤害,这样极大限制工业机器人的使用效果。人机协作将人的认知能力与机器人的效率结合在一起,从而保证人安全可以实现简便的操作。例如瑞士 ABB 的双臂人机协作机器人 YuMi 可以与工人一起协同工作,在感知到人的触碰后,会立刻放慢行驶速度,最终停止运动。

在智能服务机器人方面,如今的机器人正快速向人类的日常生活渗透,从家庭、教育到陪护和医疗等行业,各式各样的服务机器人应运而生。从感知智能向认知智能方向发展,在深度学习、抗干扰感知识别、自然语言理解、情感识别与聊天等方面均取得很好的效果。例如,英特尔开展自适应机器人的交互研究,实现低成本、多服务、简单操作的机器人交互。有德国宇航中心、空中客车公司和 IBM 合作开发的球形智能机器人 CIMON 于 2018 年 7 月抵达国际空间站,可与宇航员友好交谈,具备向宇航员和相关人员提供技术帮助、警示系统故障等功能。

在特种机器人方面,结合感知技术与仿生结构等新型材料,其智能性和适应性不断增强。现在可以替代人类在更多复杂环境从事作业,并具备一定的自主智能能力,通过综合运用视觉、压力等传感器,深度融合软硬系统,不断优化控制算法,基本可以完成定位、导航、避障、跟踪、场景感知识别、行为预测等任务。例如,德国费斯托公司研制的仿生狐蝠可以通过集成机载电子板与外置的追踪系统的相互配合,实现在特定空间内进行半自主飞行,可用于军事侦察和通信领域。

在仿人机器人方面,由于机器人加快渗透人类生活的每个角落,与此同时,随着技术不断创新,机器人模仿人类行为的能力逐步提高,人形机器人的设计也得到进一步推广。例如,在经历了液压驱动后空翻、倒地自行爬起、基于视觉和激光感知的物体识别和规避障碍能力的大幅提升后,2019 年波士顿的人形机器人 Atlas 又掌握了跑步上台阶、行走独木桥等能力,其驱动系统和动态运动控制系统不断增强,行动能力越越接近人类。

(2)机器人十大新兴应用领域

① 仓储及物流

仓储及物流行业历来具有劳动密集的典型特征,其自动化、智能化升级需求尤为迫切。近年来,机器人相关产品及服务在电商仓库、冷链运输、供应链配送、港口物流等多种仓储和物流领域得到快速推广和广泛应用。例如,北京极致嘉科技有限公司的 Geek+专注仓储物流领域,通过领先的机器人产品和人工智能技术实现高度柔性和智能的物流自动化解决方案,让其成为仓储物流行业技术变革的引领者。Geek+致力于智能与机器人技术,为仓储物流引入柔性自动化和快速反应能力,引领智能时代的物流行业变革。供应链服务:消费升级下的市场压力、海量 SKU 的库存管理、难以控制的人力成本,已经成为电商、零售等行业的共同困扰。Geek+采用人工智能、大数据、机器人技术赋能仓储物流,打造智慧供应链生态,带给用户极致完美的体验。在物流运输方面,城市快递无人车依托路况自主识别、任务智能规划技术构建起高效率的城市短程物流网络;例如,京东启用机器人智能配送站,站内采用 3.5 代配送机器人,具有自助导航行驶、智能避障避堵、红绿灯识别、人脸识别取货能力等;山区配送无人机具有不受路况限制的特色优势,以极低的运输成本打通了城市与偏远山区物流航线。仓储和物流机器人凭借远超人类的工作效率,以及不间断劳动的独特优势,有望建成覆盖城市及周边地区高效率、低成本、广覆盖的无人仓储物流体系,极大地提高了人类生活的便利程度。

② 人机协作工业制造

随着研发水平不断提升,工艺设计不断创新,以及仿生新材料投入使用,工业机器人从最初传统的机器人向小型化、轻型化、柔性化发展,精细化的操作能力不断增强。随着机器人易用性、稳定性以及智能化水平的不断提高,将人机交互作为重点研发方向,例如,德国库卡(KUKA)的写作机器人 LBR iiwa 可以以 10 mm/s 或者 50 mm/s 的速度抵近物体,并内置压力传感器提高精度和灵敏度,满足更多应用场景的要求。而行业龙头企业在此基础上,将工业互联网作为布局重点,例如,库卡机器人与云技术的库卡 Connect 连接,使机器人与设备联网,从而能够实现机器人的远程监控、配置和大数据应用,进一步提高生产效率和减少生产成本。其次,制造业格局可能面临重大调整,智能工厂将作为工业智能化发展的重要实践模式和发展方向,例如,发那科(Fanuc)设立 Fanuc

Intelligent Edge Link and Drive(FLELD)平台,这种模式是能实现自动化系统中机床、机器人、周边设备及传感器的连接并进行数据分析,可以大大提高身边质量、效率及设备的可靠性。

③ 外科手术及医疗康复领域

外科手术和医疗康复领域具有知识储备要求高、人才培养周期长等特点,专业人员的数量供给和配备在一定时期内相对有限,与人类在生命健康领域日益扩大的需求不能完全匹配,因此,高水平、专业化的外科手术和医疗康复类机器人有着非常迫切而广阔的市场需求空间。在外科手术领域,麻省理工学院凭借先进的控制技术,研制一种达芬奇机器人平台,它由外科医生控制台、床旁机械臂系统、成像系统组成,通过使用微创的方法,实施复杂的外科手术。它使手术精确度大大增加,术后恢复加快,并减少了医护人员的工作量。外科手术机器人已能够在骨科、胸外科、心内科、神经内科、腹腔外科、泌尿外科等专业化手术领域获得一定程度的临床应用。在医疗康复领域,由一个以色列制造商Rewalk 机械公司制造的外骨骼系统,通过融合精密的传感及控制技术,为用户提供可穿戴的外部机械设备,能使用户进行站立、行走和爬楼等动作;用于临床修复,协助可逆康复患者完成训练,实现更快速的恢复治疗。随着运动控制、神经网络、模式识别等技术的深入发展,外科手术及医疗康复领域的机器人产品将得到更为广泛普遍的应用,真正成为人类在医疗领域的助手与伙伴,为患者提供更为科学、稳定、可靠的高质量服务。

④ 机器人技术创新支撑平台

智能机器人技术与前沿技术正在迅猛发展,涉及工程材料、机械控制、自动化、传感器、电子、计算机、生命科学等知识,大量学科在相互交融促进中快速发展,相关技术也在不断创新。其中以优必选、云知声为代表的科技企业以机器人平台为抓手,构建集硬件、软件、网络服务和社区于一体的生态系统,降低开发者二次开发难度,减少开发成本。例如,优必选开放 ROSA 操作系统,通过开放的平台,硬件厂商向开发者提供包括语音控制、视觉识别、定位导航、运动控制、设备互联等多项功能。人工智能企业云知声推出新一代机器人操作系统KEROS 2.0,其支持语音、视觉、触控等多模态交互方式,并提供口语评测、语音合成、情感识别、视觉识别等功能。以中国科学院沈阳自动化研究所和沈阳产品质量监督检验院为依托,筹建国家机器人质量监督检验中心(辽宁)是专业机器人整机及核心零部件专业检测机构。机器人平台成为了生态构造重要抓手。

⑤ 智能陪伴与情感交互领域

现代工作和生活节奏持续加快,往往难以有充足的时间与合适的场地来契合人类相互之间的陪伴与交流诉求。随着智能交互技术的显著进步,智能陪伴与情感交互类机器人逐步获得市场认可。以深度学习、抗干扰感知技术、语音辨识、自然语义理解、视觉识别、情绪识别、场景认知、生理信号检测等功能为基础,机器人可以充分分析人类的面部表情和语调方式,并通过手势、表情、触摸等多种交互方式做出反馈,极大提升用户体验效果,满足用户的陪伴与交流诉求。例如,优必选联合腾讯云小微发布智能教育娱乐人形机器人 Qrobot Alpha,整合腾讯云小微的智能语音交互能力,以及 QQ 音乐等内容和服务。智能机器人配备了语音识别技术,呈现有姿态的关节技术,以及分析表情和声调的情调识别技术,可与人类进行交流。随着深度学习技术的进步和认知推理能力的提升,智能陪伴与情感交互机器人系统内嵌的算法模块将会根据不同用户的性格、习惯及表达情绪,形成独立而有差异化的反馈效果,即所谓"千人千面"的高级智能体验。

⑥ 复杂环境与特殊对象的专业清洁领域

现代社会存在着较多繁重而危险的专业清洁任务,耗费大量人力及时间成本却难以达到预期效果。依托三维场景建模、定位导航、视觉识别等技术的持续进步,采用机器人逐步替代人类开展各类复杂环境与特殊对象的专业清洁工作已成为必然趋势。在城市建筑方面,机器人能够攀附在摩天大楼、高架桥之上完成墙体表面的清洁任务,有效避免了清洁工高楼作业的安全隐患。在高端装备领域,机器人可以对高铁、船舶、大型客机的表面进行保养除锈,降低了人工维护成本与难度。在地下管道、水下线缆、核电站等特殊场景中,机器人能够进入人类不适于长时间停留的环境完成清洁任务。随着解决方案平台化、定制化水平日益提高,专业清洁机器人的应用场景将进一步扩展到更多与人类生产生活更为密切的相关领域。

⑦ 城市应急安防领域

城市应急处理和安全防护的复杂程度大、危险系数高,相关人员的培训耗费和人力成本日益提升,操作不慎还可能出现人员伤亡,造成重大损失。各类适用于多样化任务和复杂性环境的特种机器人正在加快研发,逐渐成为应急安防部门的重要选择。可用于城市应急安防的机器人细分种类繁多,且具有相当高的专业性,一般由移动机器人搭载专用的热力成像、物质检测、防爆应急等模块组合而成,包括安检防爆机器人、毒品监测机器人、抢险救灾机器人、车底检查机器人、警用防暴机器人等。可以预见,机器人在城市应急安防领域的日渐广泛应用,能显著提升人类对各类灾害及突发事件的应急处理能力,有效增强紧急情况下的容错性。如何逐步推动机器人对危险的预判和识别能力将是城市应急安防领域在下一阶段亟待攻克的课题。

⑧ 影视作品拍摄与制作领域

当前全球影视娱乐相关产业规模日益扩大,新颖复杂的拍摄手法以及对场景镜头的极致追求促使各类机器人更多参与拍摄过程,并为后期制作提供专业的服务。目前广泛应用在影视娱乐领域中的机器人主要利用微机电系统、惯性导航算法、视觉识别算法等技术,实现系统姿态平衡控制,保证拍摄镜头清晰稳定,以航拍无人机、高稳定性机械臂云台为代表的机器人已得到广泛应用。随着性能持续提升和功能不断完善,机器人有望逐渐担当起影视拍摄现场的摄像、灯光、录音、场记等职务。配合智能化的后期制作软件,普通影视爱好者也可以在人数、场地受限的情况下拍摄制作自己的影视作品。

⑨ 能源和矿产采集领域

能源及矿产的采集场景正在从地层浅表延伸至深井、深海等危险复杂的环境,开采成本持续上升,开采风险显著增加,亟须采用具备自主分析和采集能力的机器人替代人力。依托计算机视觉、环境感知、深度学习等技术,机器人可实时捕获机身周围的图像信息,建立场景的对应数字模型,根据设定采集指标自行规划任务流程,自主执行钻孔检测以及采集能源矿产的各种工序,有效避免在资源运送过程中的操作失误及人员伤亡事故,提升能源矿产采集的安全性和可控性。随着机器人环境适应能力和自主学习能力的不断提升,曾经因自然灾害、环境变化等缘故不再适宜人类活动的废弃油井及矿场有望得到重新启用,这对于扩展人类资源利用范围和提升资源利用效率有着重要意义。

⑩ 国防与军事领域

现代战争环境日益复杂多变,海量的信息攻防和快速的指令响应成为当今军事领域的重要指标,对具备网络与智能特征的各类军用机器人的需求日渐紧迫,世界各主要发达国家已纷纷投入资金和精力积极研发能够适应现代国防与军事需要的军用机器人。目前,以军用无人机、多足机器人、无人水面艇、无人潜水艇、外骨骼装备为代表的多种军用机器人正在快速涌现,凭借先进传感、新材料、生物仿生、场景识别、全球定位导航系统、数据通信等多种技术,已能够实现"感知-决策-行为-反馈"流程,在战场上自主完成预定任务。为了加快战场反应速度、降低人员伤亡风险、提高应对能力等各方面因素考虑,军事机器人将在海、陆、空等多个领域得到应用,助力构建全方位、智能化的军事国防体系。

移动机器人作为机器人家族中的重要成员之一,始于 1968 年,斯坦福研究院的 Nils Nilssen 和 Charles Rosen 等人研制出了名为 Shakey 的自主移动机器人[5],20 世纪 70 年代末,随着计算机的应用和传感技术的发展,移动机器人研究出现新的高潮。特别是在 20 世纪 80 年代中期,设计和制造机器人的浪潮席卷全世界,一大批世界著名的公司开始研制移动机器人平台,促进移动机器人多种研究方向的出现。

移动机器人按照功能不同可以分为很多种,但对于不同种类的移动机器人而言,自主导航是其最基本的、首要的功能,也一直是国内外学者研究的热点问题之一。概括来说,国内外学者主要将自主导航的研究聚焦于定位、环境表示和路径规划三个方面,其中环境表示即所谓的地图建立。如果忽略定位因素,自主导航包括在已知环境下进行基于环境地图的全局路径规划和未知环境下的探索。探索也可以称为移动机器人在未知环境下的自主环境学习,目的是通过环境遍历尽可能快地把未知环境变为已知环境或尽可能快地完成特定任务(如目标搜索、地面清扫等)。然后移动机器人在已知环境中,实现精确的导航和避障、主动监测环境、主动融入环境,以及提供更好的服务。

1.1.2　研究目标

移动机器人导航是指移动机器人依靠传感器在特定环境中,按时间最优、路径最短或能耗最低等准则实现从起始位置到目标位置的无碰撞移动。Leonard 和 Durrant-Whyte 将自主导航分解成三个问题[6-7]:"Where am I(我在哪里)? Where am I going(我要去哪里)? How do I get there(我怎样到达那里)?"如图 1-1 所示。其中第一个问题就是指机器人处于环境中的什么位置,可以通过由 Smith Self 和 Cheeceman 提出的移动机器人同时定位与建图方法(Simultaneous Localization and Mapping,SLAM)或并发建图与定位(Concurrent Mapping and Localization,CML)进行解决。地图创建、定位和运动控制三者任何一个要素都与其他要素密切相关。定位与地图创建的关联即是同时定位与地图创建问题。地图创建与运动控制的关联即是机器人探索问题,探索目的是尽可能快地搜索目标或把未知环境转变为已知环境。探索中路径规划的作用是通过选择合适策略尽可能快地覆盖整个可行区域,并创建一定精度的地图。因此,在探索中地图创建的精确性和实时性是必须权衡的一对矛盾。

定位与运动控制的关系在不同的环境中也有所不同:在已知环境下定位是

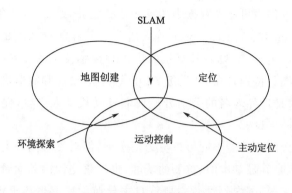

图 1-1 地图创建、定位和运动控制的关系

路径规划的前提;在未知环境下,由于传感器信息和地图信息的不确定性,机器人需要运动到特定地点或感知特定地点的信息以获取更为丰富的定位信息,以提高定位精度。这种利用路径规划改善定位的研究被称为主动定位方法。主动定位包括主动导航和主动感知。其中主动导航研究"下一步去什么地方?"的问题,而主动感知研究"下一步看什么地方?"的问题。在主动导航方面,Kuipers 使用预演程序(rehearsal procedure)检查某一区域是否已被访问;Kleinberg 则在假设传感器理想的情况下把主动定位描述为确定关键运动方向的问题。Kaelbling 等首先把主动定位建模为部分可观测马尔可夫决策过程(Partially Observable Markov Decision Process,POMDP),这种方法能在机器人定位不是很准确的情况下产生朝目标区域运动的最优策略。然后利用最小期望熵改善机器人的定位性能。尽管上述方法具有运算效率高的优点,然而其贪心算法有可能会在实际应用中成为寻找高效解决方案的障碍。例如,当机器人需要移动到一个较远的特征位置改善定位时,贪心单步熵最小方法却无法使机器人运动到该位置。主动感知可以分为主动视觉和非视觉感知,目前应用较多的是主动视觉。对于非视觉感知如超声、激光而言,数据一般按顺序输入,当机器人的信息处理能力不是很差时,优先选择某一传感器工作并不会明显改善定位的性能。

1.1.3 主要研究内容

机器人定位的目的是回答"我在什么地方?"这个基本问题。以前很多的机器人导航研究中都假设机器人已经知道自己的全局位置,只探讨如何进行机器人的路径规划。随着移动机器人逐渐走向实用化,机器人的定位受到了越来越广泛的重视。

目前,机器人定位的方法可以分为非自主定位与自主定位两大类。所谓非自主定位是在定位的过程中机器人需要借助机器人本身以外的装置如:全球定位系统(GPS)、全局视觉系统等进行定位,自主定位是机器人仅依靠机器人本身携带的传感器进行定位。由于在室内环境中,不能使用 GPS,而安装其他的辅助定位系统比较麻烦,因此机器人一般采用自主定位的方法。

移动机器人自主导航的关键技术大致有以下几个方面:

(1) 位姿跟踪

位姿跟踪是在已知机器人初始位姿的条件下,在机器人的运动过程中通过将观测到的特征与地图中的特征进行匹配,求取它们之间的差别,进而更新机器人位姿的机器人定位方法[8]。位姿跟踪通常采用扩展卡尔曼滤波器[9-10](Extended Kalman Filter,EKF)来实现。该方法采用高斯分布来近似地表示机器人位姿的后验概率分布,其计算过程主要包括三步:首先是根据机器人运动模型预测机器人的位姿,然后将观测信息与地图进行匹配,最后根据预测后的机器人位姿推导特征计算机器人应该观测到的信息,即期望观测信息,并利用期望观测信息与实际观测信息之间的差距来更新机器人位姿。Moreno 等人进一步将遗传算法与 EKF 相结合进行机器人的位姿跟踪,获得了较好的效果。另一种适用于机器人位姿跟踪的卡尔曼滤波器是无色卡尔曼滤波器(Unscented Kalman Filter,UKF),UKF 采用条件高斯分布来近似地表示后验概率分布,与 EKF 相比,UKF 的线性化精度更高,而且不需要计算雅可比矩阵。EKF 假设机器人运动模型和感知模型的噪声都是单模态高斯白噪声,当初始位姿未知或发生机器人绑架时容易导致定位失败,所以无法应用于移动机器人的全局定位。

(2) 全局定位

全局定位是在机器人的初始位姿不确定条件下,利用局部的、不完全的观测信息估计机器人的当前位姿。能否解决最典型而最富挑战性的"绑架恢复"问题在一定程度上反映了机器人全局定位方法的鲁棒性与可靠性[11]。机器人的全局定位方法主要有以下几种:

① 马尔可夫定位(Markov Localization,ML)

ML 是由 Burgard 等人提出来的,主要思想是将机器人定位问题转化为状态空间中机器人位置概率分布的计算和更新,与 EKF 方法的不同之处在于 ML 方法不使用高斯分布表示概率密度,而是将整个状态空间离散化,直接以每个离散单元的概率密度来表示状态分布,因此在各个时刻记录的就不仅仅是单纯的姿态数学期望和置信度方差,而是整个空间中的姿态概率分布。根据环境表示不同,可以把马尔可夫定位分为拓扑马尔可夫定位和栅格马尔可夫定位,其中栅格马尔可夫定位已经在博物馆导游机器人 Rhino 和 Minerva 上得到成功的应用。

ML 通过离散化方法对贝叶斯滤波进行求解,从而实现机器人的定位。其优点是比较稳定,而且定位精度较高。但是由于要对机器人的所有可能状态都进行更新,所以在大型环境中栅格马尔可夫定位计算量非常大,难以达到实时性的要求。

② 蒙特卡罗定位(Monte Carlo Localization,MCL)

Dellaert 等在 ML 的基础上将粒子滤波器用于机器人的定位,提出了一种新的定位方法,并称之为蒙特卡罗定位。MCL 的主要思想是采用状态空间中一个带权重的离散采样集来表示机器人位姿的后验概率分布。MCL 比 ML 需要的内存空间更小,计算量更小。

与其他方法相比,用粒子表示后验概率有许多优点:a. 能适应于任意感知模型、运动模型和噪声分布;b. 按照后验概率进行采样,将计算资源集中在最相关区域,提高了效率;c. 通过在线实时控制样本数,能适应不同的可用计算资源,相同的程序可以运行在性能不同的计算机上。

③ 基于多假设跟踪的方法

Jensfelt 等人提出了一种基于多假设跟踪的机器人定位方法。这种方法通过对机器人的最有可能的几个状态进行跟踪,并利用卡尔曼滤波器更新各个假设的可能性。与前两种方法相比可以在一定程度上进一步减少计算量,但是由于只对少数几个假设进行跟踪,其定位精度与稳定性要比前两种方法差。

(3)避障路径规划

全局路径规划常用方法:

① 环境分割法:环境分割法采用预先定义的基本形状构造自由空间,并将这些基本单元及它们之间的联系组成一个连通图,然后运用图搜索方法搜索路径,代表方法有自由空间法和栅格解耦法。为了简化问题,自由空间法通常采用"构形空间"(Configuration Space)来描述机器人及其周围的环境。这种方法将环境中的障碍物按机器人半径作相应地扩大,从而将机器人缩小成点。栅格解耦法,是目前研究最广泛的路径规划方法。该方法将机器人的工作空间解耦为多个简单区域,一般称为栅格。由这些栅格构成了一个连通图,在这个连通

图上搜索一条从起始栅格到目标栅格的路径,这条路径是用栅格序号来表示。

② 可视图法:该方法适用于环境中障碍物是多边形的情况。首先把机器人看成一个点,将机器人、目标点和多边形障碍物的各顶点进行组合连接,要求机器人和障碍物各顶点之间、目标点和障碍物各顶点之间以及各障碍物顶点与顶点之间的连线,均不能穿越障碍物,即直线是可视的;然后搜索最优路径的问题就转化为从起始点到目标点经过这些可视直线的最短距离问题。

可视图法能够求得最短路径,但是缺乏灵活性,且存在组合爆炸问题,在大规模环境下路径规划实时性较差。

③ 图搜索法:该方法中的路径图是由捕捉到的存在于机器人一维网络曲线(路径图)自由空间中的节点组成。建立起来的路径图可以看作是一系列标准路径。路径的初始状态和目标状态同路径图中的节点相对应,这样路径规划问题就演变为在这些点间搜索路径的问题。通过起始点和目标点及障碍物的顶点在内的一系列点来构造可视图。连接这些点,使某点与其周围的某可视点相连(即使相连接的两点间不存在障碍物或边界)。然后机器人沿着这些点在图中搜索最优路径。

④ 人工势场法(Artificial Potential Field,APF):传统的人工势场法把移动机器人在环境中的运动视为一种在抽象人造受力场中的运动,目标点对移动机器人产生"引力",障碍物对移动机器人产生"斥力",机器人在合力的作用下不断避开障碍,趋向目标。人工势场法的显著优点是计算量小,具有很高的实时性。但由于势场法把所有信息压缩为单个合力,这样就存在把有价值的障碍物分布信息抛弃的缺陷,且易于陷入局部最小值。国内外学者针对该方法的固有缺陷进行了研究,并提出了很多改进方案。

⑤ 遗传算法(Genetic Algorithms,GA):遗传算法是在模拟达尔文的进化论和孟德尔的遗传学理论基础上,产生和发展起来的一种优化问题求解的随机化搜索方法,该算法具备良好的全局搜索能力、信息处理的隐并行性、鲁棒性和可规模化等优良性能。基于遗传算法的路径规划方法由于整体搜索策略和优化计算不依赖于梯度信息,所以更容易搜索到最优路径。该方法在静态环境、精确地图和精确路径跟踪下能获得较好的路径规划效果,但当环境发生局部改变或存在动态障碍物时,全局路径需要实时更新,遗传算法的全局收敛时间将会影响路径规划的结果,这是该方法未在实际机器人自主导航中得到广泛应用的原因。

局部路径规划在导航中发挥着重要的作用,常用方法主要有以下几种:

① 人工势场法：人工势场法可用于机器人的局部路径规划。为了克服人工势场法容易陷入局部最小的缺陷，国内外学者提出了很多改进的方案，比如当机器人陷入局部最优时外加虚拟力，或采用沿墙走策略。但是当机器人在大规模环境下探索时，可能存在很多局部陷阱，导致机器人无法到达目标点。

② 神经网络法：由于机器人避障没有明显的规则且难以进行事件分类，可以让神经网络通过大量的实例学习来掌握书避障。因为不需要迭代，采用前向网络学习算法来学习避障行为时，速度很快，但是神经网络中的权值设定非常困难。

③ 模糊推理法：基于模糊推理的路径规划方法参考人的驾驶经验，可通过查表的方法，实现实时机器人避障，这种方法通过移动机器人上装配的感应器来分辨障碍物，克服了其他方法的缺点，在动态变化的未知环境中能够进行实时规划，该方法最大的优点是实时性非常好。但是模糊隶属函数的设计、模糊控制规则的制定主要靠人的经验，如何得到最优的隶属函数以及控制规则是该方法的最大问题，近年来一些学者引入神经网络技术，提出一种模糊神经网络控制的方法，效果较好，但复杂度太高。

④ 向量场矩形法（Vector Field Histogram，VFH）：为了克服人工势场法的一些缺点，Borenstein 等人提出了 VFH 算法，仍然使用栅格表示环境，并使用两级数据简化技术；由 VFH 算法控制机器人在实时探测未知障碍物和避障的同时，也能够驱动机器人转向目标点的运动，表现出良好的性能。该算法的优点之一就是具有较快的速度，比较适合于短距离的避障。

⑤ 速度空间寻优方法：速度空间寻优方法把机器人的动力学模型考虑在内，选择合适的线速度与角速度。曲率-速率法（Curvature Velocity Method，CVM）将局部避障问题描述为一种在速度空间中的约束优化问题。机器人把满足所有约束并且使目标函数最大化作为选择速度指令的依据。与其他算法相比，CVM 具有更强的实时性，轨迹更加平滑，安全性更强。然而该算法有时会错过一些通往目标的通道，而且与障碍物过于接近。为了克服 CVM 的不足，Ko 和 Fernandez 分别提出了巷道-曲率法（Lane Curvature Method，LCM）和扇区-曲率法，取得了很好的避障效果。

⑥ 动态窗口法：动态窗口法进一步提出了在全局环境未知情况下基于滚动窗口的机器人路径规划方法。在滚动的每一步，先定义以机器人当前位置为中心的、大小适中的某一区域为优化窗口，此优化窗口内应尽可能包含传感系统检测到的障碍信息；然后以当前窗口为起点，采用全局先验信息以某种启发式

方法确定该窗口内的局部目标,根据窗口内所提供的场景信息进行预测、规划,找出局部最优路径。机器人将沿此路径移动,直到下一步。这种方法对全局环境未知情况下的机器人路径规划提供了一个很好的思路。将栅格法描述环境与基于滚动窗口的路径规划相结合,提出了一种新的移动机器人导航方法。该方法将超声传感器阵列探测到的环境信息以基于栅格的概率值进行表示,利用不确定性证据推理对其进行数据融合,得到机器人的局部环境信息,并在此基础上采用基于滚动窗口的方法进行机器人路径规划,实现机器人的实时导航。

1.2 机器人同时定位与建图方法(SLAM)

1.2.1 机器人工作环境表示

环境地图创建包括感知环境信息、提取环境特征和描述、存储环境信息三部分组成,其中关键的问题是系统如何存储和获取信息。创建地图的目的是为移动机器人的运动和规划提供必要的信息。因此地图表示不仅要便于理解还要便于计算,而且随着新环境信息的观测,还要能够简单方便地将其加入地图中,进行地图的更新,移动机器人常用的环境地图分类如图 1-2 所示。

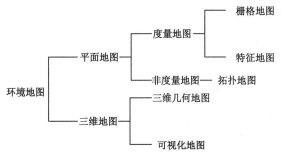

图 1-2 环境地图分类情况

(1)度量地图

一般环境特征的描述可以分为两种:一种为空间分解法(Spatial Decomposition),另一种为特征表示法(Geometric Representation)。其中空间分解方法是把探测环境分解为单元小格,每单元小格存储环境状态是否被障碍物占据,通常又可以分为基于栅格的均匀分解法(Uniform Decomposition)与递阶分解(Hierarchical Decomposition)法[12]。特征地图则利用几何基元

（Geometric Primitives）来表示环境[13]。

① 栅格地图（Grid Map）。最早由 H. P. Moravec 和 A. Elfes 于 1985 年提出[14]，一经提出就被其他研究者所采用并扩展，发展成为一种应用非常成功的度量地图构建方法。二维栅格地图就是指将整个环境平均分解成一定大小的栅格，每个栅格赋予一个具体数值，用来表示这个单元格被障碍物占有的概率，障碍物被占有的概率一般用一个在(0,1)范围内的数值来表示。占有栅格地图为 1，则表明该区域是障碍区域，为 0 则表示该区域为自由空间。对于三维的栅格地图，给每个栅格单元赋予一个值，该值表示该障碍物的高度信息。由于栅格地图创建的精度主要依赖于距离传感器的感知信息，所以要求移动机器人位置尽可能精确。栅格地图因为其具有容易创建和维护等特点，适用于表示大规模非结构化环境信息，但它最主要的缺点是存储和计算空间要求大。

② 特征地图（Feature Map）[15]。特征地图由一组环境路标特征组成，每一个路标特征用几何基元如点、线和面来近似表示，例如线段表示墙面和走廊，点表示墙角和桌子角等，这种环境地图表示方法紧凑，具有位置估计简单和目标识别容易等特点，但是这种地图表示方法局限性比较大，只适用于结构特征比较明显的未知环境。此外要提取出相应的特征信息必须建立在一定数量的感知数据和对感知信息的额外处理上，因此建图的时间相对比栅格地图的要长些。

（2）拓扑地图

拓扑地图（Topological Map)是把探索环境表示为节点和相关连接线的拓扑结构图。拓扑地图定义为一个图的数据结构，其中图节点表示环境中重要的位置点（如拐角、门、电梯等），连接线表示两个节点间的路径信息。这样，两个不相邻节点之间的导航就表示为一串中间节点[16-17]，在建立拓扑地图的过程中如何构成节点、如何识别不同的节点和如何确定节点和节点间的关系成了各种拓扑建模的研究核心问题。

（3）三维地图

到目前为止，大部分的环境建模研究都是针对二维地图进行的，而三维环境地图由于其复杂性研究还相对不多。但是由于三维地图包含有更丰富的环境信息，更加方便于机器人的定位和规划，所以近年来也吸引了越来越多的研究者注意。Andrew J. Davison 等提出了基于 EKF 的 SLAM 方法，该方法中采用三维地图[19]来表征环境地图。该地图中包含了移动机器人的位置、方向及环境特征（表示为"点"）的三维坐标信息[19]，并且为减少运算负担设计了主动视觉

(Active Vision)方法,基于视觉传感器建立的三维地图包含了丰富的环境信息,同时也带来了存储需求高、数据处理算法复杂以及计算量大的问题。

1.2.2　地图创建领域存在的问题

虽然几十年来众多学者在地图创建领域进行探索,对现有方法进行了扩展和改进,但是仍然面对诸多问题[20]。

（1）适用环境问题

目前的概率方法基于先验模型,多数研究均假设机器人处在静态环境。但实际应用中环境一般会变化或存在动态障碍物,导致构建的地图误差增大,因此需要选取适合的地图描述方法,如在地图导航时采用拓扑地图更有效,而描述局部动态环境更适合用基于几何特征的地图。

（2）数据关联问题

数据关联是地图构建,特别是动态环境的地图构建中极其重要的问题。数据关联处理不好,可能会出现静态物体产生的观测数据被错误地关联到动态物体或者相反的情况。这样会影响环境地图的一致性,在复杂环境中,需要更准确、更高效的数据关联技术,以便克服感知的不确定性。

（3）地图构建中的闭环问题

所谓环形闭合问题是机器人在进行地图构建时由于存在里程计误差,当机器人不能确定经过的区域是否已经创建过地图,致使同一环境对应多个地图,出现地图不一致的情况。采用基于主动闭环约束策略的地图构建方法可以修正机器人位姿,提高机器人定位的不确定性,进而提高地图精度。

（4）实时在线探测问题

实际应用中很多任务需要机器人独立完成未知环境的地图构建工作,这需要机器人能实时在线探测环境。在有循环通道的大环境中,累积误差会无限增加。目前的多数算法在消除环境信息的不确定性时需要很大的计算量,实时性会因此受到影响。因此,适当的传感器和更好的算法对机器人实时工作至关重要。

环境认知技术是指移动机器人通过自身携带的传感器对所处的未知环境进行环境探索,获取环境信息,并对未知环境中的信息加以处理和理解,最终构建环境地图模型来表达环境中的信息。移动机器人环境认知技术是实现自主机器人定位、导航的前提,如探险机器人、营救机器人等都会涉及这种无任何先验环境信息的工作环境,需要机器人及时获取环境信息并构建环境地图。环境认知技术是移动机器人自主完成侦察、搜索、救援、服务、导航等各项工作的基础,通过对周围的环境进行有效的认知,移动机器人可以更好地完成自主定位与自主导航等基本任务[21]。环境认知技术是智能机器人自主行为理论中的重要研究内容,具有十分重要的研究意义,环境认知技术有着重要的实用价值,如太空探索、水下探索、矿难现场探索等,该项技术如果能够成熟地发展并应用,那么无论对未知领域的科学研究还是目前的生产领域都有着重要的帮助作用。

未知环境的认知技术可以分为两个部分:环境探索和地图构建,可以形象地看作"探路"和"铺路"两个过程。

(1) 环境探索

环境探索问题是实现移动机器人对未知环境认知的核心问题之一,探索策略更是直接关系到移动机器人认知方法的效率,鲁棒性、精确性和遍历。

机器人对未知环境的探索通常看作是 NBV(Next Best View)问题,即在已探测的环境中选取一个最好的观测点作为目标点,然后驶向该观测点,通过多次迭代,直到完成对整个工作环境的遍历。NBV 问题可以分成两部分来进行,首先是候选点的生成,其次是候选点的评价。

候选点地生成主要依赖探索策略,探索策略是指移动机器人在探索过程中所遵循的原理或方法,不同的探索策略会生成不同的候选点,好的探索策略可以让移动机器人快速、完备、精确地完成未知环境的探索任务。目前主要的探索策略包括随机探索策略,既定路径探索策略和基于前沿理论的探索策略。

① 随机探索策略

最早的机器人探索普遍采用该方法,该探索方法策略比较简单,主要是在工作环境内通过对避障路径的规划,使得移动机器人在工作环境内随机探索,但是该方法随机性太强,探索效率低下,并且很难满足环境遍历性的要求,后期人们在该方法的基础上进行了改进,主要目的是限制候选点的随机生成,使得生成的候选点具有趋向或者目的性。例如 Freda 设计出了随机树的方法,提出 Sensor-based Random Tree(SRT)方法,大大提高了探索的效率,已经取得不错的应用效果,随后吕伟新等人对传统快速扩展随机树(RRT)算法进行了改进,降低了探索的盲目性,提出包围式探索的思想,提高探索的效率和主动性。

② 既定路径探索

采用事先设计好的路径方法对未知环境进行探索。该方法必须事先对未知环境中的各种情况进行考虑,要求移动机器人具有充足的先验经验,足以应对未知环境中的各种复杂问题。现在成熟的探索策略有螺旋收缩式探索策略、沿墙行走策略等。这类探索策略的优点是方法实现简单,运用"万能"的探索策略去适应各种复杂的未知环境,达到环境遍历性的要求。缺点是探索路径过于烦琐,探索没有针对性、效率不高。

螺旋收缩式探索策略是采用螺旋式的方法由外转内探索工作环境,收缩到环境中心即完成环境的探索,该策略通常设定上、下、左、右四个方向的优先级别,当移动机器人进入工作环境之后,首先选择优先级别最高的方向行走,当前方遇到障碍物时,选取优先级别次高的方向前进,同时改变方向的优先级别,依此类推,逐渐缩小未知区域范围,直到把工作环境进行覆盖遍历。

沿墙行走探索策略只适合于特定的工作环境,当工作环境中出现走廊通道等类似的建筑物时,可以触发该策略,该策略并不适合所有的场合,只能配合其他探索策略共同完成环境探索的任务。该策略比较简单,可以快速地通过工作环境中的通道,避免多余的探索路径。缺点是不适用于障碍物多的室内环境,应用领域有限。

③ 基于前沿理论的探索策略

前沿理论是由 Yamauchi 首次系统性提出的,其核心思想就是获取更多的未知环境信息,驱使移动机器人向前沿领域探索。前沿领域是指已探索自由领域和未探索领域的边界,当移动机器人到达前沿领域,会把获得到的新信息添加到已知的地图信息中。随着移动机器人的不断探索,已探索的领域越来越大,未知环境越来越小,直到所有的环境都成为已知环境,达到环境的遍历。

该探索策略相比随机探索策略,具有很强的主动性和趋向性,可以极大程度地提高探索效率,有效地把工作环境中的未知信息转化为已知信息,迅速完成探索任务。

(2)地图构建

地图构建是指获取机器人所在物理工作环境的空间模型,通过摄像机、激光测距仪、声呐等车载传感器获取环境信息,经过数据处理,建立环境地图。

移动机器人创建地图必须解决三个基本问题:

① 如何表示环境地图,即地图的表示方法。

② 怎样获得环境信息,机器人在环境中漫游并记录传感器的感知数据,这涉及机器人导航问题。

③ 怎样表示获得的环境信息并根据环境信息更新地图,这就需要解决不确定信息的描述和处理方法问题。

目前在自主移动机器人领域,流行的地图模型构建方法主要有五种:栅格法、几何表示法、统计区域法，拓扑地图法和合成地图法，每种方法都有各自的优缺点。

1.2.3　未知环境的地图建立与机器人位置估计

（1）SLAM 问题的相关模型

要构建一个好的仿真系统，并基于这样一个仿真系统来研究相关的 SLAM 方法，就需要精确定义各种相关模型。SLAM 方法包含移动机器人运动控制模型及其环境感知数学模型。只有精确地描述这些模型才能更好地构建这些模型的相关环境来解决 SLAM 问题。SLAM 中常用的各种模型包括：坐标系统模型、环境地图模型、机器人位置模型、里程计或控制命令模型、机器人运动模型、传感器观测模型、环境特征动态模型、噪声模型等。

（2）移动机器人自定位

移动机器人实现智能化需要具备定位、地图创建和导航三种基本功能。其中最基本、最重要的功能就是定位。定位是确定移动机器人在其所处环境中位置的过程，换句话说就是通过外部传感器获取环境信息并使用相应的算法估计出所处环境中的位姿的过程。因此精确估计出移动机器人位姿是近年来移动机器人研究中备受关注、富有挑战性的课题。

移动机器人定位研究目前主要有三种方法：局部定位、全局定位、综合定位。

局部定位主要研究的是移动机器人自身局部坐标在全局坐标中的表示问题，实现局部定位。全局定位主要研究的是移动机器人在全局坐标中的位姿估计。综合定位就是结合前面两种定位方法，通过移动机器人外部传感器获取当前环境信息，与预设的信息匹配，同时更新环境信息，实现自主定位。这种定位方法也称为 SLAM，即同步定位与地图构造。

移动机器人实现定位的前提是要有精确的位姿估计。因此位姿估计方法按如何定位分为 2 大类：相对位姿估计和绝对位姿估计。

航位推算（Dead-Reckoning）是一种经典的相对位姿估计方法，该方法使用光电编码器记录移动机器人的移动距离来估计位姿。该算法使用简单，无须对外界环境感知。但缺点也是很明显的，估计精度受移动机器人动力模型和编码器精度制约，且属于开环控制，容易累积距离误差。

惯性导航系统 INS(Inertial Navigation Systems)是一种绝对位姿估计方法，该方法使用陀螺仪或加速度计得到机器人的加速度信息，通过积分获得移动机器人的位姿。通常,移动机器人运动的加速度值较行进距离更容易表示。因此该位姿估计精度高于航位推算,但是这种方法也是开环获取数据,且积分过程中也会产生误差。

与相对位姿估计不同,使用绝对位姿估计前提是要有预先设置的环境信息,通过寻找相应的位姿表示方法,而不是通过累积位姿信息,因此精度高于相对位姿估计。

全球定位系统 GPS(Global Postioning System)是一种非常直接的绝对位姿估计方法,其通过与事先预置的环境地图匹配,估算自身位姿。该方法主要应用于室外环境。

信标定位是另一种常用的绝对位姿估计方法,该方法通过外部传感器提取环境信息,发现未知环境中具有特征的物体,比对相应特征进行位姿估计。这种方法的局限性在于未知环境中必须包含大量特征物体,比如直线、角度等,因此多用于结构化环境。路标定位是信标定位的一种改进形式,该方法主要依靠计算机视觉图像处理,提取环境中的特征数据,进行位姿估计。

随着二维激光测距仪技术的发展,基于激光测距仪的位姿估计已成为当前研究热点。首先,激光测距仪具有较高的测量精度,且激光数据受外界环境干扰小,若将激光测距仪与相对位姿估计结合,其测量累积误差小。其次通过相应的扫描匹配算法将扫描数据进行处理,从中获取环境特征,构造环境地图,结合绝对位姿估计方法,达到移动机器人定位的目标。

1.2.4 主要研究方法

人类和高等动物都具有丰富的感觉器官,能通过视觉、听觉、味觉、触觉、嗅觉来感受外界刺激,获取环境信息,移动机器人同样可以通过各种传感器来获取周围的环境信息,传感器是移动机器人获取外界信息的硬件设备,对机器人有着必不可少的重要作用,传感器技术的发展从根本上决定着机器人环境感知技术的发展。

目前已开发出各种各样的传感器,根据定位方法的不同可分为内部传感器和外部传感器两大类。内部传感器又称为相对定位传感器或航迹推测传感器,主要用于监测机器人的自身状态,外部传感器又称绝对定位传感器,主要用于感知外部环境信息。内部传感器主要有:里程计、加速度计、陀螺仪等;外部传感器主要有:超声传感器、激光测距传感器、红外传感器、全球定位系统、视觉传感器等。根据传感器的工作原理不同,可以把传感器分为测距类传感器、定位类传感器和视觉传感器。

（1）测距类传感器

超声波测距、红外传感器和激光测距仪都属于测距传感器。该类传感器可以对周围环境中障碍物距离的测量来获取环境信息，该类传感器的特点是简单直接，能够快速收集环境中的信息。缺点是测量方法过于单调，容易产生虚假和干扰信号，增加系统的计算难度。相对于其他环境感知传感器，激光雷达由于具有探测距离远、测量精度高等优点，已广泛应用于移动机器人导航定位系统。激光雷达可以采用在平面上进行线扫描的二维激光雷达或者能够进行面扫描的三维激光雷达。

激光测距仪通过扫描一个扇形区域来感知该区域的障碍物。它采用飞行时间法测量，激光发射器发射的激光脉冲经分光器后分为两路，一路进入接收器，另一路则由反射镜面发射到被测障碍物体表面，反射光也经由反射镜返回接收器。通过测量发射脉冲与反射脉冲之间的时间间隔并与光速的乘积来测定被测障碍物体的距离。

（2）定位类传感器

定位类传感器包括里程计、全球定位系统（GPS），陀螺仪和电子罗盘等，该类传感器通过自身计算或者外部恒定的地标来记录移动机器人的位置和姿态的变化，以便协助移动机器人进行环境探索或自定位。

里程计作为相对定位的传感器已经在自主移动机器人上得到了充分的应用，它的主要原理是通过安装在机器人车轮上的编码器计数，检测出两个车轮转过的圈数，结合车轮的直径计算出车轮移动的距离。根据安装在两个车轮上的光电编码器，可以检测出车轮在一定时间内转过的角度。

编码器是里程计的核心部件，编码器分为光电式、接触式和电磁式三种，光电式编码器是最常用的位置传感器。光电编码器是一种典型的非接触式编码器，它是由一对红外发射、接收器和码盘组成。码盘会随着车轮的转动同步转动，当移动机器人行走时，红外接收器会间隔通过码盘上的空隔接收到红外发射器的信号，形成脉冲信号，然后对脉冲进行计数。

（3）视觉传感器

视觉系统由于获取的信息量更多更丰富，采样周期短，受磁场或传感器相互干扰影响小，重量轻，能耗小，使用方便经济等原因，在很多移动机器人系统受到青睐。

视觉传感器是将景物的光信号转换成电信号的器件。目前，用于获取图像的视觉传感器主要是数码摄像机。在视觉传感器中主要有单目、双目与全景摄像机三种。单目摄像机对环境信息的感知能力较弱,获取的只是视频头正前方小范围内二维环境信息数据;双目摄像机对环境信息的感知能力强于单目摄像机,视觉范围虽然比单目大一些,可以在一定程度上感知三维环境信息,但对距离信息的感知不够准确;全景摄像机对环境信息感知的能力强,能在 360°范围内感知二维环境信息,获取的信息量大,更容易表示外部环境状况。

视觉传感器的缺点是感知距离信息差、很难克服光线变化及阴影带来的干扰并且视觉图像处理需要较长的计算时间,图像处理过程比较复杂,动态性能差,因而很难适应实时性要求高的作业。

(4)其他传感器

随着传感器技术的发展,传感器种类越来越多,不再局限于传统类型,这些传感器多用于特别工作环境,虽然目前对机器人自主移动功能作用不大,但是也代表了移动机器人的多功能化。如语音传感器、气味检测传感器等。

表 1-1　激光传感器与视觉传感器比较

优/劣势	激光 SLAM	视觉 SLAM
优势	可靠性高、技术成熟	结构简单、安装方式多元化
	建图直观、精度高、不存在累计误差	无传感器探测距离限制、成本低
	地图可用于路径规划	可提取语义信息
劣势	受 Lidar 探测范围限制	环境光影响大,暗处(无纹理区域)无法工作
	安装有结构要求	运算负荷大,构建的地图本身难以直接用于路径规划与导航
	地图缺乏语义信息	传感器动态性还需提高,地图构建时会存在累计误差

目前市场以激光 SLAM 为主,毕竟激光 SLAM 是当下最稳定、最主流的定位导航方法,视觉 SLAM 则是未来研究的一个主流方向。不过激光和视觉都有其各自局限性。而多传感器的融合则能有效解决这类问题,相信今后多传感器的融合也将是一种必然的趋势。

当环境信息非常复杂时,由于依靠单一的传感器数据已经无法准确获取机器人所需信息。随着移动机器人智能化程度的不断提高,机器人需要处理更多的信息。这就要求机器人安装更多种类的传感器。如果测量同一个数据的传感器大于两个,就需要利用传感器信息融合技术将多个数据合并为一个更加准确的数据,利用信息的冗余性和互补性降低信息的不确定性。目前主要有基于卡尔曼滤波器(KF)的 SLAM 算法、基于扩展卡尔曼滤波(EKF)的 SLAM 算法、基于粒子滤波(PF)的 SLAM 算法。本书在 MATLABR2015a 中实现这些算法并进行仿真分析。

第 2 章　SLAM 基本原理

2.1　SLAM 概述

为实现移动机器人在未知环境中的自主移动,以完成人类在无法探测的环境中的目标任务,SLAM 技术是实现完全自主的前提和关键问题。SLAM,即同时完成定位与地图构建的技术,"定位"即解决"我在哪儿"的问题,"建图"即解决"周围有什么"的问题。本章对 SLAM 技术中的定位与建图两部分理论进行详细介绍,并对移动机器人的运动控制模型和传感器观测模型进行详细定义,只有在建立精确模型的前提下,才能为后续 SLAM 方法的深入研究提供基础,从而实现对 SLAM 问题的处理。同时,本章对用于机器人定位可能应用到的状态最优估计方法进行介绍,阐释了 SLAM 相关方法存在的问题。

2.1.1　机器人位置估计

移动机器人的定位问题,即可描述为利用自身所携带的里程计或外部传感器以确定机器人在环境中所处的位置。移动机器人位置信息的确定是实现完全自主的必要条件[22]。目前移动机器人定位类型主要有两种:① 绝对定位,或称全局定位。指无任何关于机器人位姿的先验知识下,机器人利用自身所携带的里程计确定其在环境中最可能的位置。包括路标导航定位、全球定位(GPS)、地图匹配定位等[23]。绝对定位具有很高的定位精度,但是其也存在一定的限制,如环境路标的建设以及维护成本相对较高,地图匹配法要求计算机性能很高,卫星定位法只适用于室外的大环境等。② 相对定位,或称位姿跟踪。指在已知机器人的初始位姿情况下,利用传感器测量当前机器人所在位置相对于初始位姿的距离以及方向,从而确定机器人当前所处环境中的位姿。包括里程计定位法、航迹推算法和惯性导航定位法等。相对位仅在较短的时间内拥有较高的精度,然而,随着时间的积累,路径不断增长,则相对定位累积误差会逐步增大,严重影响了定位效果,从而不适用于长时间及长距离的准确定位。由于移动机器人定位问题受到多方面因素的影响,同时这些因素大部分是不确定的,如:机器人自身所携带传感器的误差、环境变化所造成的误差等因素都会导致机器人难以实现精确定位,因此为了进一步提高定位的精度,就需要尽可能消除不确定性因素所产生的各种影响,这是机器人定位中的关键问题。

目前,为减弱不确定性因素对定位精度所产生的影响,主要考虑将概率理论应用于定位中,常见的方法有:

(1)卡尔曼滤波定位方法:该方法是一种实现简单、有效的线性最优估计递推方法,其将机器人的位姿表示为一个高斯概率分布函数,利用均值和方差来分别表示机器人的位姿估计及其不确定性[24]。考虑到该算法只适用于线性高斯系统,而通常情况下,移动机器人的运动模型以及观测模型具有高度非线性,卡尔曼滤波算法的应用范围受到限制。因此,可运用将线性系统函数近似非线性运动及观测方程的近似方法实现次优的位姿估计。例如扩展卡尔曼滤波(Extended Kalman Filter,EKF)、无迹卡尔曼滤波(Unscented Kalman Filter,UKF)、迭代扩展卡尔曼滤波(Iterated Extended Kalman Filter,IEKF)、扰动卡尔曼滤波(Perturbation Kalman Filter,PKF)等,这些都是利用最优线性卡尔曼滤波框架递推地对非线性状态估计问题进行处理,在一定程度上解决卡尔曼滤波定位法存在的局限性,扩大适用范围。

(2)马尔科夫定位[25-27]方法:利用分段线性函数以表示机器人的位姿概率,是一种离散的近似方法。不仅可以应用于局部的位置跟踪,而且能够解决全局定位的问题,适用于不同的运动及观测模型中,但要求具有非常大的存储空间以及计算负担。常见的方法有:拓扑马尔科夫定位法、栅格马尔科夫定位法等。

(3)粒子滤波定位方法:粒子滤波是一种序列蒙特卡罗(Monte Carlo)滤波方法,其实质是利用一系列随机抽取的样本(粒子)来逼近状态的后验概率分布[28]。粒子滤波定位法适用于任何非高斯、非线性系统中,应用范围广泛,在全局定位、目标跟踪等方面都有着可靠的效果。

2.1.2 环境地图表示

为实现精确定位,必须以构建准确的环境地图为基础。所谓地图创建主要是指实现对机器人周围环境感知信息的描述过程。机器人可以通过传感器设备所感知获得的信息完成对机器人所处的环境地图的构建。环境地图包括对外界环境全部的特征信息描述,是外界环境信息的载体[29]。常见的地图表示方法有:栅格地图、特征地图以及拓扑地图[30]。下面对每种地图表示法进行介绍。

（1）栅格地图

栅格地图最早由 Elfes 和 Moravec 提出[31]，经常被用于描述一个二维环境。其将机器人所处的二维环境划分成一系列大小相同的栅格,针对具体情况给每个栅格分配概率值,其概率值介于 0 到 1 之间,主要用于表示栅格存在障碍物的可能性大小。其中 0 和 1 分别代表栅格完全空闲和完全被占用。栅格地图表示法的具体过程为:

① 初始化。将机器人所处的运动空间分为若干个大小相等的单元格,其中每个单元格初始化被占用的概率均为 0.5。假定环境被划分为 $m \times n$ 等份,则有:

$$P_{i,j}(0)=0.5, i=1,2,\cdots,m, j=1,2,\cdots,n \qquad (2\text{-}1)$$

② 更新。当移动机器人从起始位置运动到另一个位置,其通过借助传感器对周围环境进行检测以得到新的感知信息,若探测到存在障碍物,则按照贝叶斯规则对栅格概率值进行一次更新,随着机器人的运动,不断获得新的外界环境的感知信息,从而单元栅格的概率值也随之进行不断更新,直到机器人停止工作才结束概率的更新。

③ 栅格性质确定。以概率值为基础,根据每个栅格的概率值实现栅格性质的划分,从而得到哪些栅格中存在障碍物,哪些栅格不存在障碍物,即完成栅格地图的完整构建,如图 2-1 所示。

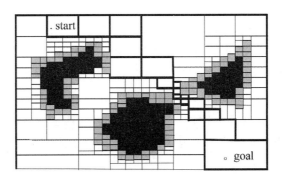

图 2-1　栅格地图

栅格地图法基本上保留了整个环境信息,对某个栅格所获得的感知信息可以直观地对应于环境中相应区域,表示形式既简单、直观,又方便创建和维护。然而确定栅格的大小相对困难,单元栅格的尺寸越大,则环境地图的分辨率越差;单元栅格尺寸越小,又会使计算时间、空间的复杂度增加。

（2）特征地图

特征地图[32-33]表示方法是指在传感器设备所获取的环境感知信息中提取点、线段或曲线等几何特征,根据这些特征对环境进行描述。特征地图法只关注对外界环境特征(点或线)的描述,而不需考虑空闲的区域,是一种对外界环境的稀疏描述。在特征地图的建立中,每一个环境特征的位置可以根据具体数值进行确定,如图 2-2 所示中,点状特征 A 可以采用一组二维平面坐标(x,y)表示,线状特征 B 可以由坐标集合(x_1,y_1)、(x_2,y_2)、(x_3,y_3)和(x_4,y_4)表示。一般情况下,利用下式所表征的特征集合对特征地图进行描述:

$$D_a = \{c_k \mid k=1,\cdots,n\} \tag{2-2}$$

其中,c_k 为环境地图中的一个特征;n 为地图中所有环境特征的总数。

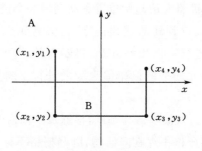

图 2-2　特征地图示意图

特征地图的优势在于:① 由于在实现机器人定位中不需要考虑环境中的空闲区域,减少了计算量,地图更新的复杂程度减小。② 特征地图能够对环境特征的具体位置做出较准确的描述,十分适用于机器人精确定位的任务中。但是特征地图也存在一定的缺陷,其主要是采用几何位置关系来表示机器人所处的环境地图,为了保证环境地图的一致性,对各感知信息位置的要求更精确。③ 特征地图难以表达复杂的大环境,需要的感知信息量较大,对几何特征的提取较复杂。

（3）拓扑地图

拓扑地图最早由 Brooks 和 Materic 等人提出[34]。拓扑地图选用多个特定地点实现对环境空间信息的描述,属于一种较紧凑的地图表示法。其实质上是对真实世界进行的一种近似描述,并不存在明显的尺度概念。同栅格地图以及特征地图相比较,拓扑地图更倾向于起到向导的作用。通常用环境结构进行定义,包括位置节点及连接线两部分。其中,环境地图中的每一个节点表征环境的特定地点(如门、角落等),节点之间的连线表征特定地点间具有可以直接相连接的路径,此方法特别适用于实现快速的路径规划。只有在机器人对节点进行有效识别的基础上,才能够采用拓扑地图实现精确的定位。

拓扑地图法不要求明确的几何信息,抽象度高,便于管理,计算效率高且占用空间少,适合于环境大且简单的情况下。对于结构化环境,易于实现,是一种相当有效的表示方法。相反,对于非结构化的环境或环境中存在相似节点时,很难对相关的节点进行正确地识别和判断,此时如果仅仅根据拓扑信息实现机器人的定位,则机器人定位会出现较大的误差,面临迷失自身位置以及方向的情况,导致制图精度低。

2.1.3　同时定位与地图构建

移动机器人定位以及环境地图建立是目前机器人研究领域中一个比较热点的研究方向。实现精确定位是以已知环境地图为前提。而建立环境地图,则必须已知移动机器人所处的精确位置。所以,在未知的环境中,会面临一个两难问题,即为了创建环境地图,机器人需要确定各时刻自身所在的位置;为了定位,机器人需要获得确切的环境地图,两者可以形象地比喻成"鸡与蛋"的问题。为了实现移动机器人在不确定或未知环境中的有效探测,需要同时进行定位与地图构建,即 SLAM。

SLAM 是指在一个未知环境中,移动机器人从未知位置出发,在运动过程中利用自身携带的传感器设备来获取环境信息,并利用这些信息创建并不断更新环境地图,同时根据传感器信息和已经创建的环境地图来确定自身位姿[35]。机器人定位与地图构建是息息相关、相辅相成的,地图构建必须依赖于机器人的位姿信息,反之,机器人位置确定必须依赖于周围的环境地图信息,两者相互影响,相互依赖。任何一方均无法单独进行,必须同时考虑,这就好比"盲人走迷宫",盲人在前进过程中同时需要不断对陌生的环境进行摸索,直到找到出口。SLAM 的实现主要包括以下几个步骤:

① 由 $k-1$ 时刻机器人位姿 x_{k-1} 及其运动模型实现对 k 时刻机器人位姿 x_k 的估计;

② k 时刻,在估计位姿的基础上获取传感器设备对环境特征的观测信息 Z_k,建立机器人位姿与环境特征信息的对应关系;

③ 利用传感器检测到的最新观测值和已检测到的特征信息对① 中机器人的估计位姿进行修正。循环上述步骤,从而实现同时定位与地图构建。只要环

境中有能够识别的特征点(路标),就能够利用这些特征点对机器人位置实现更精确的估计,且观测到的环境特征点越多,估计的误差越小。

综上所述,可以将 SLAM 问题简化为"估计"—"观测"—"校正"的递推过程。基于特征点的 SLAM 系统状态图具体如图 2-3 所示。

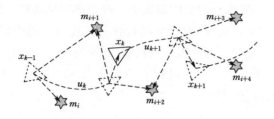

图 2-3　SLAM 系统状态图

图 2-3 中的六角星表示环境特征点,虚三角表示通过运动模型估计的机器人状态,实三角形表示根据环境观测信息进行校正后的状态。实线箭头为对环境中的特征点观测,虚线为移动机器人的运动测量。用 x_k 来表示 k 时刻机器人的状态,u_k 代表机器人的控制输入,m_i 代表第 i 个环境特征。

2.2　SLAM 模型组成

2.2.1　机器人运动模型

移动机器人运动模型描述的是在不同时刻下,考虑控制输入量 u_k 的驱动以及噪声干扰 w_k 的影响下,机器人位姿的状态随时间变化的过程。由于在 SLAM 中,移动机器人的位姿变化是一个马尔可夫过程,即当前时刻状态仅取决于上一时刻状态及当前时刻的控制,而与过去其他时刻状态及控制无关[36],运动模型可用如下方程表示:

$$X_k = f(X_{k-1}, u_k) + w_{k-1} \tag{2-3}$$

式中,$f(\cdot)$ 为移动机器人位姿的状态转移函数;$X_k = (x_k, y_k, \theta_k)^T$ 表示机器人在 k 时刻的位姿状态;w_{k-1} 为运动噪声,包括:传感器误差、机器人打滑以及定位延迟等各种误差信息。

在理想情况下,移动机器人运动模型应能准确地、动态地描绘出机器人在不同时刻的运动状态。然而,在建模过程中能够实际测量的有效参数非常有限,很难得到对整个运动状态的真实且完整的描述。另外,传感器在采样过程中会存在噪声,导致运动模型建立中会存在不确定性。因此,需要采用一个高度复杂的非线性函数来完整的描述机器人运动过程。为了减少复杂模型对导航方法的影响,一般需要应用一个简化模型近似复杂的运动模型。所以,为了完整且准确地描述机器人运动过程,必须使用一个高度复杂的非线性模型,但会使计算成本增加以及相关算法的执行难度增加。因此,在实际仿真建模时,通常选取如下的简化运动模型进行近似:

$$X_k = \begin{bmatrix} x_k \\ y_k \\ \theta_k \end{bmatrix} = \begin{bmatrix} x_{k-1} + v \cdot \Delta t \cdot \cos(\theta_{k-1} + G) \\ y_{k-1} + v \cdot \Delta t \cdot \sin(\theta_{k-1} + G) \\ \theta_{k-1} + \dfrac{v \cdot \Delta t \cdot \sin(G)}{WB} \end{bmatrix} + w_{k-1} \tag{2-4}$$

其中:$\begin{bmatrix} x_{k-1} & y_{k-1} & \theta_{k-1} \end{bmatrix}^{\mathrm{T}}$ 为机器人在 $k-1$ 时的位姿;Δt 为传感器采样时间;v 为速度;G 为机器人在 k 时刻的舵角;WB 为轴距;$\begin{bmatrix} x_k & y_k & \theta_k \end{bmatrix}^{\mathrm{T}}$ 为机器人在 k 时刻的位姿。

2.2.2 机器人观测模型

移动机器人所携带的传感器主要可以分为两种:内部传感器以及外部传感器。内部传感器存在的累积误差会随时间而增大,从而机器人位姿的不确定性会逐渐增加。因此,在机器人同时定位与地图建立过程中,必须利用外部传感器感知信息以实现对位置信息的校正,达到降低定位误差的目的。目前常用的外部传感器主要包括:距离传感器和视觉传感器等。其利用对距离、强度、角度等信息的扫描以获得环境的位置信息以及轮廓特征。本文使用激光测距传感器对环境信息进行观测,利用点特征描述环境。传感器的观测模型用来表示传感器感知信息与移动机器人位姿之间的关系,通常采用如下模型表示:

$$Z_k = h(X_k) + v_k \tag{2-5}$$

其中:Z_k 表示 k 时刻传感器所获得的环境观测量,包括环境中某一特征与当前机器人的距离 r 和方向角 θ;$h(\cdot)$ 和 v_k 为分别代表观测函数以及观测噪声。具体来说,基于激光测距传感器的观测模型表示如下:

$$z_{i,k} = \begin{bmatrix} r \\ \theta \end{bmatrix} = \begin{bmatrix} \sqrt{(x_k - x_i)^2 + (y_k - y_i)^2} \\ \arctan\left(\dfrac{y_k - y_i}{x_k - x_i}\right) - \theta_k \end{bmatrix} + v_k \tag{2-6}$$

其中,(x_i, y_i) 为激光传感器所探测到的第 i 个特征的位置坐标;r 为路标特征点与移动机器人的距离。

2.2.3　状态最优估算

所谓估计问题,就是构造一个观测量 Z 的函数 $\hat{X}(Z)$ 并作为被估计量 X 的一个估计值[37]。状态估计是概率论和数理统计的一个经典问题,所研究的对象是随机现象,是以受到噪声干扰的观测数据来估计随机变量、随机过程或系统某些特性的一种数学方法[38-39]。状态估计就是通过数学方法寻求与观测数据最佳拟合的状态向量,如果假设 n 维向量 $X=(x_1,x_2,\cdots x_n)^{\mathrm{T}}$ 为被估计量,而其观测值为 m 维向量 $Z=(z_1,z_2,\cdots z_m)^{\mathrm{T}}$,且观测量与被估计量之间存在如下关系:

$$Z_k=h[x_k,V_k,k] \tag{2-7}$$

其中,h 是已知的 m 维向量函数,由观测方法的物理规律决定;V_k 是 k 时刻的 l 维量测噪声,通常为一个随机过程。那么,所谓估计,就是在时间区间 $[k_0,k]$ 内对 X_k 进行观测,得到观测数据 $Z=\{Z(\tau),k_0\leqslant\tau\leqslant k\}$,通过构造一个观测数据的函数 $\hat{X}_k$ 去估计 X_k 的问题,并称 $\hat{X}_k$ 是 X_k 的一个估计,或称 X_k 的估计为 $\hat{X}_k$。

在 SLAM 的概率模型中,机器人状态信息可以表示为一种递归的贝叶斯最优状态估计问题,使用递归方法计算状态信息的估计值,无须对历史信息进行存储和处理,从而缩短计算时间和存储空间,但是贝叶斯滤波器只是一种理论算法,在机器人实际状态估算过程中,很难对任意分布的连续状态空间进行积分运算,因此对于 SLAM 实际问题需要采用一种近似的方法解决,使用概率分布模型来近似后验概率密度分布,或者采用蒙特卡罗随机采样技术等,目前常用的贝叶斯滤波算法都是基于上述方法实现的。

在诸多贝叶斯滤波实现算法中,扩展卡尔曼滤波和粒子滤波是最具代表性的两种经典近似滤波估计方法,并广泛应用于机器人 SLAM 问题中。下面分别对几种滤波方法进行介绍。

1. 扩展卡尔曼滤波

对于式(2-3)和式(2-5)定义的系统状态空间模型,若状态转移模型 $f(\cdot)$ 和状态观测模型 $h(\cdot)$ 是非线性的(但仍假设具有零均值高斯白噪声),则经典卡尔曼滤波不能实现最优滤波问题。一般地,人们通过各种非线性近似法求得近似解。最基本的近似方法是泰勒近似法,其思路是:当状态的先验分布可用高斯分布近似计算时,状态的条件分布完全由其均值和协方差阵表征,若在状态的滤波值和预测值周围分别将状态转移方程和观测方程进行泰勒展开：

$$X_k = f_k(\overline{X}_{k-1|k-1}) + A_k(X_{k-1} - \overline{X}_{k-1|k-1}) + \Delta_f(X_{k-1} - \overline{X}_{k-1|k-1}) + w_k$$

$$(2\text{-}8)$$

$$Z_k = h_k(\overline{X}_{k|k-1}) + C_k(X_k - \overline{X}_{k|k-1}) + \Delta_h(X_k - \overline{X}_{k|k-1}) + v_k \qquad (2\text{-}9)$$

式中：$\Delta_f(X_{k-1} - \overline{X}_{k-1|k-1})$ 和 $\Delta_h(X_{k-1} - \overline{X}_{k-1|k-1})$ 为被截掉的二阶以上的高阶项。此种近似法称为局部线性近似法（也称为一阶泰勒近似法），A_k 和 C_k 是线性化的雅可比阵：

$$\begin{cases} A_k = \dfrac{\partial f_k(X)}{\partial X} \bigg|_{X = \overline{X}_{k-1|k-1}} \\[3mm] C_k = \dfrac{\partial h_k(X)}{\partial X} \bigg|_{X = \overline{X}_{k|k-1}} \end{cases} \qquad (2\text{-}10)$$

于是，非线性高斯系统 S 的局部线性化系统为

$$\begin{cases} X_k = A_k X_{k-1} + a_k + \widetilde{w}_k \\[2mm] Z_k = C_k X_k + c_k + \widetilde{v}_k \end{cases} \qquad (2\text{-}11)$$

式中：在给定 $\overline{X}_{k-1|k-1}$ 和 $\overline{X}_{k|k-1}$ 时，$a_k = f(\overline{X}_{k-1|k-1}) - A_k \overline{X}_{k-1|k-1}$ 和 $c_k = h(\overline{X}_{k|k-1}) - C_k \overline{X}_{k|k-1}$ 分别为确定性分量；$\widetilde{w}_k = \Delta_f(X_{k-1} - \overline{X}_{k-1|k-1}) + w_k$ 和 $\widetilde{v}_k = \Delta h(X_k - \overline{X}_{k|k-1}) + v_k$ 为随机噪声，且包含了线性化误差，因而已是非高斯的。如果忽略线性化误差，即 $\widetilde{w}_k \approx w_k$ 和 $\widetilde{v}_k \approx v_k$，那么式（2-11）所示的局部线性化系统具有线性、高斯模型，从而可利用线性高斯系统的卡尔曼滤波公式递推求解 $p(X_k | Z_{1:k})$，即可近似假定状态的条件分布是高斯分布：

$$p(X_{k-1} | Z_{1:k-1}) \approx N(X_{k-1}; \overline{X}_{k-1|k-1}, P_{k-1|k-1}) \qquad (2\text{-}12)$$

$$p(X_k | Z_{1:k-1}) \approx N(X_k; \overline{X}_{k|k-1}, P_{k|k-1}) \qquad (2\text{-}13)$$

$$p(X_k | Z_{1:k}) \approx N(X_{k-1}; \overline{X}_{k|k}, P_{k|k}) \qquad (2\text{-}14)$$

显然，式（2-12）～式（2-14）中的参数可通过卡尔曼滤波公式递推近似求解。此种非线性滤波方法称为扩展卡尔曼滤波（Extended Kalman Filter，EKF），其操作程序如算法 2-1 所示。

算法 2.1(EKF 算法)：

(1) 初始化：对于 $k=0$，给定状态先验高斯分布的均值 $\overline{X}_{0|0}$ 和方差 $P_{0|0}$；

(2) 递推求解：对于 $k=1,2,\cdots$，则有

① 一步预测：

$$A_k = \frac{\partial F_k(X)}{\partial X}\bigg|_{X=\overline{X}_{k-1|k-1}} \tag{2-15}$$

$$\overline{X}_{k|k-1} = A_k \overline{X}_{k-1|k-1} \tag{2-16}$$

$$P_{k|k-1} = A_k P_{k-1|k-1} A_k^T + Q_{k-1} \tag{2-17}$$

② 观测更新：

$$C_k = \frac{\partial H_k(X)}{\partial X}\bigg|_{X=\overline{X}_{k|k-1}} \tag{2-18}$$

$$K_k = P_{k|k-1} C_k^T (C_k P_{k|k-1} C_k^T + R_k)^{-1} \tag{2-19}$$

$$\overline{X}_{k|k} = \overline{X}_{k|k-1} + K_k(Z_k - C_k \overline{X}_{k|k-1}) \tag{2-20}$$

$$P_{k|k} = P_{k|k-1} - K_k C_k P_{k|k-1} \tag{2-21}$$

从 EKF 的机理分析可知，EKF 是一种局部次优的贝叶斯滤波估计，且当系统的非线性较强、状态的条件分布用高斯分布近似的误差较大时，采用 EKF 近似非线性滤波可能导致较大的累计估计误差。一般地，EKF 在应用中要注意两点：

① 基于泰勒展开的线性化方法易受参考点的影响。EKF 是在当前估计值处进行泰勒展开，并取其线性近似。在 EKF 递推计算过程中，卡尔曼滤波增益 K_k 依赖于当前的状态估计值。如果当前估计值与真实值相差很大，则参考点的偏离将引起进一步的线性化误差以及不精确的卡尔曼滤波更新。

② 由于 EKF 使用了两个雅可比矩阵的计算，所以在 EKF 使用时应注意状态转移模型和观测模型的连续性。

以上两点构成了 EKF 的基本应用前提：小偏差初始条件和系统较弱的非线性；且 $F(\cdot)$ 和 $H(\cdot)$ 足够光滑，以确保雅可比阵 A_k，C_k 的存在性。

2. Unscented 卡尔曼滤波

EKF 是在滤波器理论中应用较为广泛的一种非线性状态估计方法，但当非线性程度比较高时，非线性模型的线性化将导致较大的误差。为了有效地处理非线性状态估计问题，Julier 等提出了 Unscented 卡尔曼滤波（Unscented Kalman Filter，UKF）。UKF 的核心是 Unscented 变换，其使用一组加权的离散采样点（又称 Sigma 点）表征系统状态概率分布的均值和协方差，这组采样点根据非线性系统状态空间模型进行预测和观测，从而不需线性化。

（1）Unscented 变换与尺度 Unscented 变换

Unscented 变换是一种近似计算方法，经历了非线性变换的随机变量的统计特性的新方法，它建立的动机是：近似一个概率分布比近似一个任意的非线性变换(或函数)要容易。假设 X 是均值为 $\overline{X}$、协方差阵为 P_{XX} 的 n 维随机向量,且 X 通过非线性变换得到观测期望值

$$Z = h(X) \tag{2-22}$$

式中,$h(\cdot)$ 为非线性函数。为了估计随机向量 Z 的均值 $\overline{Z}$ 和协方差阵 P_{ZZ},Julier 和 Uhlmann 提出了 Unscented 变换(Unscented Transform,UT)[40]。其基本思想是:根据一种特殊选取、确定性的方法采样 $2n+1$ 个加权随机样本 $S_i = \{W_i, X_i\}$,这组随机样本 S_i 的均值为 $\overline{X}$、协方差阵为 P_{XX};然后将非线性函数 $h(\cdot)$ 作用于每个样本得到变换后的一组随机样本 Z_i,且 Z_i 能很好地表征随机变量 Z 的统计特性。UT 的具体步骤如下:

① 根据下列方程采样 $2n+1$ 个加权随机样本点:

$$\begin{cases} X_0 = \overline{X} \\ X_i = \overline{X} + (\sqrt{(n+\kappa)P_{XX}})_i & i = 1, \cdots, n \\ X_i = \overline{X} - (\sqrt{(n+\kappa)P_{XX}})_i & i = n+1, \cdots, 2n \end{cases} \tag{2-23}$$

$$\begin{cases} \omega_0 = \kappa/(n+\kappa) \\ \omega_i = 1/(2(n+\kappa)) & i = 1, \cdots, 2n \end{cases} \tag{2-24}$$

式中,ω_i 是样本点 X_i 权,且 $\sum\limits_{i=0}^{2n} \omega_i = 1$;$\kappa$ 是尺度因子,控制采样点 X_i 与样本均值 $\overline{X}$ 之间的距离;$(\sqrt{(n+\kappa)P_{XX}})_i$ 是 $(n+\kappa)P_{XX}$ 的第 i 列(或行)的矩阵平方根。这些加权样本点称为 Sigma 点,并记为 $S_i = \{\omega_i, X_i\}$。

② 将非线性函数 $h(\cdot)$ 作用于每个 Sigma 点,则得到一组随机样本点 Z_i,其中:$Z_i = h(X_i)$。

③ 估计随机向量 Z 的均值 $\overline{Z}$ 和协方差阵 P_{ZZ}:

$$\begin{cases} \overline{Z} = \sum\limits_{i=0}^{2n} \omega_i Z_i \\ P_{ZZ} = \sum\limits_{i=0}^{2n} \omega_i (Z_i - \overline{Z})(Z_i - \overline{Z})^{\mathrm{T}} \end{cases} \tag{2-25}$$

显然,UT 不需要将非线性函数线性化,也不需要计算雅可比矩阵。而且可以证明:UT 能精确估计任意非线性函数 $h(\cdot)$ 的二阶泰勒近似解;估计误差为三阶及三阶以上高阶矩项截断误差,且该估计误差被 κ 尺度化。

在 UT 中,Sigma 点数随着状态空间的维数增大而增大;且 Sigma 点在状态空间的分布情况决定了 UT 性能。特别地,在非线性程度严重的情况下,

Sigma 点在状态空间的分布是影响 UT 性能的关键。针对这个问题,Sigma 点被尺度化分布在状态空间里,第 i 个 Sigma 点到均值 $\overline{X}$ 的距离为 $|X_i - \overline{X}|$,且距离尺度化比为 $\sqrt{(n+\kappa)}$。但是,当 $\kappa < 0$ 时,权 $\omega_0 < 0$ 使得估计的协方差阵可能是非半正定的。鉴于此,Julier 提出了尺度化 Unscented 变换(Scale Unscented Transform,SUT),其不仅能保持估计的二阶精度,而且能使协方差估计是半正定的。在相同计算代价条件下,SUT 能部分地引入高阶矩信息,从而提高估计的精度。

对于 SUT,Sigma 点按如下策略进行采样:

$$\begin{cases} X_0 = \overline{X} \\ X_i = \overline{X} + (\sqrt{(n+\lambda)P_{XX}})_i & i = 1, \cdots, n \\ X_i = \overline{X} - (\sqrt{(n+\lambda)P_{XX}})_i & i = n+1, \cdots, 2n \end{cases} \tag{2-26}$$

$$\begin{cases} \omega_0^{(m)} = \lambda/(n+\lambda) \\ \omega_i^{(c)} = \lambda/(n+\lambda) + (1 - \alpha^2 + \beta) & i = 1, \cdots, 2n \\ \omega_i^{(m)} = \omega_i^{(c)} = 1/(2(n+\lambda)) \end{cases} \tag{2-27}$$

$$\lambda = \alpha^2(n+\kappa) - n \tag{2-28}$$

式中,$\omega_i^{(m)}$ 是均值估计权;$\omega_i^{(c)}$ 是协方差阵估计权;$0 \leqslant \alpha \leqslant 1$ 是尺度化因子,控制 Sigma 点的分布;$\beta \geqslant 0$ 是加权项,用于引入高阶矩信息,提高估计精度(高斯先验下最优值为 $\beta = 2$)。于是,随机向量 Z 的均值 $\overline{Z}$ 和协方差阵 P_{ZZ} 可按下式计算:

(2) Unscented 卡尔曼滤波器

Julier 等提出将 SUT 和卡尔曼滤波结合实现高斯、非线性情况下的贝叶斯递推滤波问题,这种滤波称为 Unscented 卡尔曼滤波器(UKF)。如果假设式 (2-3) 和式 (2-5) 定义的系统状态空间模型是高斯、非线性的,并将噪声变量引入到状态变量中产生扩展的状态变量 $X_k^a = [X_k^T \quad U_k^T \quad V_k^T]$,则 UKF 算法具体如算法 2.2 所示。

算法 2.2(UKF 算法):

① 初始化:对于 $k = 0$,令

$$\overline{X}_0^a = [\overline{X}_0^T \quad 0 \quad 0], \qquad P_0^a = \begin{bmatrix} P_0 & 0 & 0 \\ 0 & Q & 0 \\ 0 & 0 & R \end{bmatrix} \tag{2-29}$$

式中,$\overline{X}_0$ 和 P_0 是初始状态的均值和协方差阵;系统噪声 w_k 和观测噪声 v_k 为零均值高斯白噪声,且其协方差阵为 Q 和 R。

② 递推估计:对于 $k=1,2,\cdots$,则有

- 计算 Sigma 点

$$X_{k-1|k-1}^a = \left[\overline{X}_{k-1|k-1}^a \quad \overline{X}_{k-1|k-1}^a \pm \sqrt{(n_a+\lambda)P_{k-1|k-1}^a} \right] \tag{2-30}$$

- UKF 预测:

$$X_{k|k-1}^X = f(X_{k-1|k-1}^X) + X_{k-1|k-1}^w \tag{2-31}$$

$$\overline{X}_{k|k-1} = \sum_{i=0}^{2n_a} \omega_i^{(m)} X_{i,k|k-1}^X \tag{2-32}$$

$$P_{k|k-1} = \sum_{i=0}^{2n_a} \omega_i^{(c)} \left[X_{i,k|k-1}^X - \overline{X}_{k|k-1} \right] \left[X_{i,k|k-1}^X - \overline{X}_{k|k-1} \right]^{\mathrm{T}} \tag{2-33}$$

$$Z_{k|k-1} = h(X_{k|k-1}^X) + X_{k-1|k-1}^v \tag{2-34}$$

$$\overline{Z}_{k|k-1} = \sum_{i=0}^{2n_a} \omega_i^{(m)} Z_{i,k|k-1} \tag{2-35}$$

- UKF 更新:

$$P_{Z_k Z_k} = \sum_{i=0}^{2n_a} \omega_i^{(c)} \left[Z_{i,k|k-1} - \overline{Z}_{k|k-1} \right] \left[Z_{i,k|k-1} - \overline{Z}_{k|k-1} \right]^{\mathrm{T}} \tag{2-36}$$

$$P_{X_k Z_k} = \sum_{i=0}^{2n_a} \omega_i^{(c)} \left[X_{i,k|k-1}^X - \overline{X}_{k|k-1} \right] \left[Z_{i,k|k-1} - \overline{Z}_{k|k-1} \right]^{\mathrm{T}} \tag{2-37}$$

$$K_k = P_{X_k Z_k} P_{Z_k Z_k}^{-1} \tag{2-38}$$

$$\overline{X}_{k|k} = \overline{X}_{k|k-1} + K_k(Z_k - \overline{Z}_{k|k-1}) \tag{2-39}$$

$$P_{k|k} = P_{k|k-1} - K_k P_{Z_k Z_k} K_k^{\mathrm{T}} \tag{2-40}$$

式中,$n_a = n_X + n_w + n_v$ 是扩展状态空间 X^a 的维数;K 是卡尔曼增益矩阵。

与 EKF 相比,UKF 实现高斯、非线性滤波不需计算雅可比矩阵,能实现任意高斯、非线性情况下的状态估计问题。无论是在理论上还是在实际应用中,UKF 被证明都要优于 EKF。

3. 粒子滤波

虽然卡尔曼滤波系列算法(EKF 和 UKF)能在一定程度上处理非线性模型的状态估计问题,但是由于机器人系统模型具有较强的非线性,EKF 算法一阶线性化近似处理后会带来较大的模型误差,使得算法的估计精度下降甚至造成滤波发散,并且由于 EKF 和 UKF 均受限于状态变量服从高斯分布的假设,对于非高斯分布的状态变量估计效果不理想。对于常见的 SLAM 问题,由于机器人系统和环境的不确定性,通常机器人位姿和地图特征的后验密度分布会呈

现多峰现象,因此要求滤波算法具有估算多个位置假设的能力。

粒子滤波是基于蒙特卡洛方法的统计滤波算法,是贝叶斯滤波的一种非参数实现形式。它采用离散的粒子集来表示系统状态的后验密度分布,该区域粒子越密集,其概率分布越大,根据观测信息调整各个粒子在各个位置的概率分布,使机器人最有可能位置的概率分布渐渐升高,通过观测信息修正过的粒子和所对应的概率值得到机器人最终状态估计。

(1) 序贯重要性采样

粒子滤波的基本思想:在状态空间中,找到一组随机样本(粒子),用于近似概率密度函数 $p(x_k|z_k)$,利用样本(粒子)的均值代替积分运算,从而得到状态最小方差估计的过程[41],对非线性非高斯系统估计问题具有普遍的适用性。在 SLAM 问题中,需要利用观测信息集合 $Z_k = \{z_i, i=1,2,\cdots,k\}$ 及控制输入 $u_k = \{u_i, i=1,2,\cdots\cdots,k\}$ 对状态 x_k 进行估计,即实现对后验概率密度 $p(x_k|Z_k, u_k)$ 的估计。然而,在粒子滤波方法中无法实现对 $p(x_k|Z_k, u_k)$ 的直接采样,序贯重要性采样(Sequential Importance Sampling, SIS)恰好可以解决此问题。SIS 的思想是:当样本足够多时,将后验概率密度用一组带权值的随机样本进行近似表示,再对随机样本进行加权求和得到状态的估计值。

对于后验概率密度 $p(x_k|Z_k, u_k)$ 可表示如下:

$$p(x_k \mid Z_k, u_k) \approx \sum_{i=1}^{n} \omega_k^i \delta(X_k - X_k^i) \tag{2-41}$$

其中,$X_k^i = \{x_0^i, x_1^i, \cdots, x_k^i\}$ 表示粒子集合,ω_k^i 为 k 时刻第 i 个粒子对应的权值,$\sum_{i=1}^{n} \omega_k^i = 1$,$\delta(\cdot)$ 为狄拉克函数,权值的确定是序列重要性采样的关键。

考虑到无法直接从后验概率密度函数中进行采样,就需要从一个已知的重要性概率函数 $q(X_k|Z_k, u_k)$ 中实现采样,如图 2-4 所示。得到重要性权重权值:

$$\omega_k^i = \frac{p(X_k|Z_k, u_k)}{q(X_k|Z_k, u_k)}, \quad i=1,2,\cdots,n \tag{2-42}$$

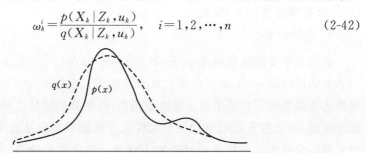

图 2-4　重要性采样

假定已存在一组样本对 $k-1$ 时刻的 $p(X_{k-1}|Z_{k-1},u_{k-1})$ 实现近似，在获得新的观测量 Z_k 之后，需要使用一种新的样本近似 $p(X_k|Z_k,u_k)$。在计算 $p(X_k|Z_k,u_k)$ 的同时，要保证不改变 k 时刻之前的状态量 $X_{k-1}=\{x_i|i=1,2,\cdots,k-1\}$，则所选用的重要性密度函数需满足如下关系：

$$q(X_k|Z_k,u_k)=q(x_k|X_{k-1},Z_k,u_k)q(X_{k-1}|Z_{k-1},u_{k-1}) \tag{2-43}$$

根据贝叶斯公式可知 k 时刻样本的概率分布可以通过 $k-1$ 时刻概率分布和 k 时刻的状态概率分布获得，即：

$$p(X_k|Z_k,u_k)=p(z_k|x_k)p(x_k|x_{k-1},u_k)p(X_{k-1}|Z_{k-1},u_{k-1}) \tag{2-44}$$

进一步得到 ω_k^i 如下：

$$
\begin{aligned}
\omega_k^i &= \frac{p(X_k|Z_k,u_k)}{q(X_k|Z_k,u_k)} \\
&= \frac{P(z_k|x_k)P(x_k|x_{k-1},u_k)P(X_{k-1}|Z_{k-1},u_{k-1})}{q(x_k|X_{k-1},Z_k,u_k)q(X_{k-1}|Z_{k-1},u_{k-1})} \\
&= \omega_{k-1}^i \frac{P(z_k|x_k)P(x_k|x_{k-1},u_k)}{q(x_k|X_{k-1},Z_k,u_k)}
\end{aligned}
\tag{2-45}
$$

序贯重要性采样(SIS)方法的实现过程归纳如下：

① 从重要性概率密度 $q(X_k|Z_k,u_k)$ 中进行采样，随机抽取出 N 个粒子；

② 计算相应粒子的重要性权重；

③ 对权重进行归一化处理：

$$\hat{\omega}_k^i = \frac{\omega_k^i}{\sum\limits_{j=1}^{N}\omega_k^i}, i=1,\cdots,N \tag{2-46}$$

④ 估计后验概率密度。

（2）粒子退化及解决方法

序贯重要性采样的缺点是存在粒子退化现象，随着算法的迭代运行，重要性权重 ω_k 方差会不断增大，一段时间迭代后，会出现大量的粒子重要性权重变得非常小，而一小部分的粒子重要性权重会变得特别大，只依靠权值大的粒子并不能实现对后验概率密度函数有效的表示。Doucet 等人已经证明：当测量值是随机变量时，随着迭代次数的增加重要性权值的方差必然会增加，因此退化问题[42] 是不可避免的。

粒子退化程度可利用有效粒子数进行衡量：

$$N_{\text{eff}} \approx \frac{1}{\sum\limits_{i=1}^{n}(\hat{\omega}_k^i)^2} \tag{2-47}$$

其中, n 为选取的样本个数。有效粒子数 N_{eff} 愈小, 则说明粒子退化的现象愈严重。在具体的应用中, 为了避免在每次迭代时都要进行重采样, 导致粒子的退化现象严重, 因此可以预先对有效样本数设置一个阈值, 只有当有效样本数低于这一阈值时才要求重采样。

退化现象虽然不可避免, 但我们可尽量做到减小粒子退化的影响。目前主要有两种用于解决退化问题的方法:① 选用合适的重要性密度函数。其定义域应尽量覆盖到所有的后验概率分布, 即应具有较宽的分布、长的拖尾、适当的线性复杂度和易采样等特点。一般情况下, 重要概率密度多选用先验概率密度, 易于获取, 计算方便。但先验概率密度未将最新的观测值考虑在内, 从而抽取的样本(粒子)同真实的后验概率分布所产生的样本会存在一定偏差。② 采用重采样方法。在粒子权重更新之后引入重采样技术, 其基本思想是减少重要性权值小的粒子, 对重要性权值大的粒子进行复制以替代小权值粒子, 从而减弱粒子的退化现象。

(3) 粒子滤波方法

综合前面几节内容的介绍, 粒子滤波方法(PF)的基本实现步骤如下:

① 初始化。从先验概率 $p(x_0)$ 从随机抽取 N 个样本(粒子) $x_0^i, i=1, \cdots, N$, 得到样本集 $(x_0^i)_{i=1}^N$, 并将所有样本(粒子)的权值都赋值为 $1/N$;

② 序贯重要性采样。以先验概率函数作为重要性密度函数, 即:

$$q(x_k|x_{k-1}, Z_k, u_k) = p(x_k|x_{k-1}, u_k) \quad (2-48)$$

计算每个粒子的重要性权值, 并进行归一化:

$$\omega_k^i = \omega_{k-1}^i \frac{P(z_k|x_k^i)P(x_k^i|x_{k-1}^i, u_k)}{q(x_k^i|x_{k-1}^i, Z_k, u_k)} \quad (2-49)$$

$$\hat{\omega}_{k-1}^i = \frac{\omega_{k-1}^i}{\sum_{j=1}^N \omega_{k-1}^j} \quad (2-50)$$

$$\omega_k^i = \omega_{k-1}^i p(z_k|x_k) \quad (2-51)$$

③ 重采样。根据有效粒子数 N_{eff} 判断是否需要进行重采样。若需要重采样, 则参考权值 $\hat{\omega}_k^i$ 的大小, 用大权值粒子替代小权值粒子, 反之, 进行下一步。

④ 状态估计。输出一组粒子 $(x_k^i, \omega_k^i)_{i=1}^N$, 对其加权求和, 从而得到后验均值及协方差估计:

$$\hat{x}_k = \sum_{i=1}^N \hat{\omega}_k^i x_k^i \quad (2-52)$$

$$P_k = \sum_{i=1}^{N} \hat{\omega}_k^i (x_k^i - \hat{x}_k)(x_k^i - \hat{x}_k)^{\mathrm{T}} \tag{2-53}$$

图 2-5 为粒子滤波方法的示意图,该图描述了粒子滤波方法所包含的时间更新、观测更新以及重采样三个步骤。$k-1$ 时刻的先验概率由 N 个权值为1/N的粒子 x_{k-1}^i 近似表示。在时间更新过程中,通过系统状态转移方程预测每个粒子在 k 时刻的状态 $\hat{x}_k^i$。经过观测值后,更新粒子权值 $\hat{\omega}_k^i$。重采样过程舍弃权值较小的粒子,代之以权值较大的粒子,粒子的权值被重新设置为 $1/N$。

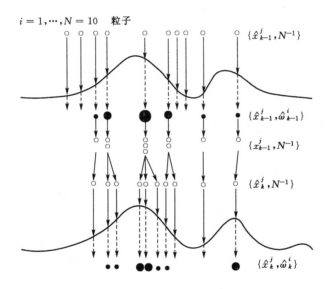

图 2-5　粒子滤波方法示意图

粒子滤波为机器人定位问题提供了一种新的解决方法,广泛应用于机器人定位问题,并对机器人位姿跟踪、全局定位、机器人绑架等问题亦有非常好的估算效果。粒子滤波不仅可以很好地表达机器人位姿的多峰分布,而且可以直接对非线性的运动模型和观测模型进行计算,定位精度较高。

粒子滤波器具有简单、易于实现等特点,它为分析非线性动态系统提供了一种有效的解决方法,从而引起目标跟踪、信号处理以及自动控制等领域的广泛关注。

2.3 SLAM 算法存在问题

2.3.1 EKF-SLAM 算法收敛性与一致性问题

状态估计不一致性问题是指 SLAM 的结果不收敛或者出现不符合理论期望的现象,包括均值不一致性现象、方差不一致性现象等。状态估计不一致性问题本质上属于滤波器范畴,通常是由于对过程模型、观测模型线性化过程中的线性化误差引起的,这种现象多出现在基于 EKF 的 SLAM 算法中。

状态估计不一致问题分别以下两个方面:

(1) 均值不一致性

在 Csorba,Dissanayake 等人[43-44]给出 SLAM 的收敛性证明之后的一段时间之内,人们都一直认为随着时间的推移,EKF-SLAM 将会从概率层面上给出机器人位姿和环境地图的最优估计。直到 Julier 和 Uhlmann 通过仿真实验指出 EKF-SLAM 的均值不一致性现象之后,研究人员才对 EKF-SLAM 收敛性有了一个新的认识,并投入到提高 EKF-SLAM 在非线性系统模型下的收敛性方面研究中。Julier 和 Uhlmann 在他们的仿真实验中发现,当系统模型为非线性时,EKF-SLAM 在长时间运行之后给出的地图并不收敛。即使在最简单的情况下,如机器人静止不动并且只观测到一个特征时,EKF-SLAM 得到的机器人方位角 θ_r 也会一直变化,而且其方差一直在减小。但是,由于没有外部关于机器人方位角 θ_r 的观测信息,θ_r 的均值在估计过程中应该保持不变,其方差也应该保持不变。他们又做了另外一个仿真,在这个仿真中,机器人在移动的同时观测 5 个特征。在这个仿真中,系统的状态估计在前 600 步内令人满意,但是在 5 000 步之后,系统的状态开始发散,并没有出现期望中的收敛性现象。由于这类现象是关于状态均值没有如期望的那样收敛,所以称之为均值不一致性现象。

(2) 方差不一致性

Castellanos 等人[45]也用仿真证实了 EKF-SLAM 算法的均值不一致性现象,并指出线性误差(Linearization Error)的存在是不一致产生的主要原因。在他们的仿真实验中,机器人在一个 2D 环境中沿一个矩形的轨迹行走。仿真结果表明,机器人位姿的不确定性在开始的一段时间内急剧下降,并比起始时刻的方差还要低。这是一个不一致性现象,因为在没有外部关于机器人绝对位姿信息的话,机器人位姿的方差应该始终比起始方差大。Huang 等人也观察到了方差不一致性现象并给出了更深入的分析。他们指出,如果运动学模型和观测模型的雅可比矩阵都是在真值点处计算,那么,当机器人从 A 点移动到 B 点时,在 B 点所获得观测值的唯一作用是降低机器人从 A 到 B 过程中控制噪声的影响。如果在 A 点机器人已经对某一个特征观测无数次,那么在没有其他关于系统状态绝对位置信息的情况下,在 B 点对该特征的观测无法进一步降低该特征的方差。但是,如果在整个 SLAM 运行过程中,如果运动学模型和观测模型的雅可比矩阵均是在状态估计值处进行计算,该特征的方差会降低,也就是发生了方差不一致性现象。

2.3.2　PF-SLAM 粒子退化问题

虽然粒子滤波算法可以作为解决 SLAM 问题的有效手段,但是该算法仍然存在着一些问题。其中一个主要问题是需要用大量的样本数量才能很好地近似系统的后验概率密度。机器人面临的环境越复杂,描述后验概率分布所需要的样本数量就越多,算法的复杂度就越高。另外,重采样阶段会造成样本有效性和多样性的损失,导致样本贫化现象。对于基本的粒子滤波而言,其主要的缺陷就是退化现象的发生,也即是随着滤波迭代次数的增加,大部分粒子的权重会变得很小,只有很少的粒子具有较大权重。粒子滤波中的权值退化[46]问题是不可避免的。虽然重采样方法可以在一定程度上缓解权值退化现象,但重采样方法也会带来一些其他的问题。重采样需要综合所有的粒子才能实现,限制了粒子滤波的并行计算。另外,根据重采样的原则,粒子权值较大的粒子必然会更多地被选中复制,经过若干步迭代后,必然导致相同的粒子越来越多,粒子将缺乏多样性,可能出现粒子退化现象,从而使状态估计产生较大偏差。

其中,粒子的退化现象会造成:① 后验概率只由少数几个权重较大的粒子表示,大多粒子对后验概率密度贡献接近于 0;② 造成计算资源的浪费,使大量的计算浪费在对状态估计贡献甚微的粒子点上。因此,为了保证粒子滤波的性能,必须尽量减少退化现象的发生,特别是对于那些系统和观测噪声较小的情况,也就是后验概率(观测似然函数)较为尖锐的情况。

因此,在利用粒子滤波解决 SLAM 问题时,会存在计算量大以及粒子退化问题。在相对比较复杂的环境中,如果粒子数量大,则自然会导致计算量大。不断的递归迭代也会使得权重分布出现倾斜,如果权重集中在少数粒子上,则就会出现粒子退化问题,将严重影响粒子滤波的性能,从而影响估计性能。

2.3.3　路标信息计算量剧增问题

在实际应用中,SLAM 问题相关的解决方案需要满足一定的实时性,即本质上,SLAM 算法应该能在线地实时估计机器人位姿,并同时创建环境地图,这也就要求所应用的 SLAM 方法在对每帧传感器数据处理时所用的时间应小于传感器数据采集的周期。基于全状态滤波 SLAM 方法(如 EKF-SLAM)的计算复杂度随状态向量的维数增多呈指数形式变化,在 SLAM 的地图创建中是状态向量的维数随移动机器人运动区域的扩大而增大,即随着环境路标信息的增加,计算量剧增,致使 SLAM 方法在处理每帧的传感器数据所需时间不断增加,因此不适用于解决大范围环境的 SLAM 问题,这是由于环境中存在相对较多的路标,实时性会变差。

同时,随着运动过程中观测的路标点越来越多,需要保存的信息也会随之增长,当需要处理数据关联时,就需要耗费大量的时间进行匹配更新,造成计算的复杂度也会非常大,影响系统的实时性。

实际上,机器人通常所处的环境都比较复杂,特征地图一般都不能用于描述上面所定义的复杂环境。因此,能够创建复杂地图的 SLAM 算法显得尤为重要。所谓复杂环境,是泛指环境中存在形状不规则、不能用少量几何参数就能描述障碍物形状的环境,同时也包括那些预先不知道该用何种几何参数来描述障碍物形状的环境,而我们所指的复杂地图就是能够不使用几何参数描述含有任意形状障碍物的复杂环境地图。复杂环境下的计算复杂度是一个难点,相对于特征地图,由于复杂地图具有更多的信息量,需要消耗更多的内存,由此导致其计算速度也非常慢。在实际应用中,SLAM 算法应该能够实时定位并且建立复杂环境地图,因此,如何降低复杂环境下采用 SLAM 算法的计算复杂度也就显得尤为重要。

第 3 章　MATLAB 仿真基础

　　MATLAB 是一个大型运算平台，参与运算的对象有数据流、信号流、逻辑关系及展示[47-53]。如同计算器一样，在 MATLAB 中数学式的计算是直截了当的。但要了解这个大型计算器的使用方法并合理使用它，就先要了解一些 MATLAB 的基本知识。本章是整个 MATLAB 学习的基础，主要内容包括 MATLAB 软件平台上的各种数据类型、矩阵和符号等基本的数据运算、运算符及字符串数据的操作等。

3.1　基本数据类型

3.1.1　变量定义与管理

　　1. 变量定义

　　变量代表一个或若干个内存单元，为了访问变量所代表的存储单元，需要给变量命名。

　　（1）变量的命名

　　变量的一般命名规则：

- 变量名是以字母开头，后接字母、数字或下划线的字符序列；
- 变量名最多 63 个字符；
- 变量名区分字母的大小写，如 a 和 A 是不同的两个变量。

　　（2）赋值语句

　　赋值语句的调用格式如下：

　　　　变量＝表达式

　　　　或：表达式

　　其中，表达式是用运算符将有关运算量连接起来的式子，其结果是一个矩阵。

在第一种语句形式下，MATLAB 将右边表达式的值赋给左边的变量；在第二种语句形式下，将表达式的值赋给 MATLAB 中默认永久变量 ans。表达式可以由分号、逗号或回车结束，如果用分号结束，则左边的变量结果将不在屏幕上显示出来，否则将把结果全部显示出来。MATLAB 程序中的语句常以分号结束。

在一条语句中，如果表达式太复杂，一行写不下，可以加上三个小黑点（续行符）并按下回车键，然后接下去再写。在语句后也可以加上注释，注释以%开头，用于解释或说明，对计算结果不产生任何影响。

【例 3-1】 计算表达式的值，并显示计算结果。

程序如下：

```
≫x = 1+2i;
≫y = 3−sqrt(17);
≫z = (cos(abs(x+y))−sin(78 * pi/180))/(x+abs(y))
```

输出结果如下：

```
z =
    −0.3488 + 0.3286i
```

其中，pi 和 i 都是 MATLAB 预先定义的变量，分别代表圆周率 π 和虚数单位。

（3）预定义变量

在 MATLAB 工作空间中，还保留几个由系统本身定义的变量。例如，用 pi 表示圆周率 π 的近似值，用 i、j 表示虚数单位。预定义变量有特定的含义，在使用时，应尽量避免对这些变量重新赋值。如表 3-1 所示列举了系统内部常用的预定义变量及其含义。

表 3-1　常用的预定义变量及其含义

特殊的变量、常量	取　值
ans	默认临时变量
pi	圆周率 π 的近似值(3.1416)
eps	数学中无穷小(epsilon)的近似值(2.2204e−016)
inf	无穷大，如 1/0＝inf(infinity)

表 3-1(续)

特殊的变量、常量	取　值
NaN	不定数,如 0/0＝NaN(Not a Number),inf/inf＝NaN
i,j	虚数单位;i＝j＝$\sqrt{-1}$
nargin	函数输入参数个数
nargout	函数输出单位个数
realmax	最大正实数
realmin	最小正实数
lasterr	存放最新的错误信息
lastwarn	存放最新的警告信息

2. 变量管理

(1) who 和 whos 指令

如果用户想查看工作空间中都有哪些变量名,则可以使用 who 命令来完成。例如键入 who,显示结果:

```
Your variables are:
ans    t    y
```

如果用户想了解这些变量的具体情况,则可以使用 whos 命令来查看,如键入 whos,显示结果:

```
Name      Size        Bytes      Class        Attributes
ans       1×1         8          double
t         1×201       1608       double
y         1×201       1608       double
```

📖　① who,whos 指令操作对 MATLAB 的所有版本都适用;

② 两个指令的差别仅在于获取内存变量信息的详细程度不同;

③ 用户运行 who,whos 指令后的变量列表随具体情况而不同。本例的变量列表是在进行特定操作后产生的。

(2) exist 指令

若该用户想查询当前的工作空间下是否存在一个变量,则可以调用 exist() 函数来完成,该函数的调用格式为:

```
i=exist('A');
```

式中,A 为要查询的变量名。返回值 i 表示 A 存在的形式:

- i=0 表示 A 不存在;
- i=1 表示在当前工作空间下存在一个名为 A 的变量;
- i=2~8 表示存在文件或函数。

还有其他表示,可以利用 help 指令查询。如果 A 是一个变量、数组或矩阵,也可以直接键入 A。如果该变量存在,则显示其内容;如果不存在,则给出该变量不存在的信息。

(3) clear 指令

clear 命令用于清除当前工作空间中指定或全部的变量。其命令格式为:

```
clear              %清除当前工作空间中的全部变量
clear a b c        %清除当前工作空间中的指定变量 a、b 和 c
```

用户可以调用 clear 命令来删除一些不再使用的变量,这样可以使得整个工作空间更简洁。例如指令:

```
clear x1 y1
```

此指令表示将 x1 和 y1 变量消除。但应当注意,在这一命令下 x1 与 y1 之间不能加逗号;否则该命令就会被错误地解释成删除 x1 变量,然后开始下一个语句(其内容为 y1),而该语句将被解释成将 y1 变量的内容显示出来,这样 y1 变量就不再被删除了。

一般来讲,如果运行一个较为复杂的文件,最好在文件开头利用 clear 命令清空工作空间,否则可能会有以前遗留的一些变量与自己定义的变量冲突(如产生维数不同、名字相同的数组),影响计算结果。

📖 使用 clear 命令,MATLAB 工作空间中的全部变量将被无条件删除! 系统不会要求你确认此命令。所有变量都被清除,且不能恢复!

---

(4) format 指令

在 MATLAB 的工作空间上显示数值结果时,需要遵循一定的规则。在默认的情况下,当结果是整数,MATLAB 将它作为整数显示;当结果是实数,MATLAB 以小数点后 4 位的精度近似显示。如果结果中的有效数字超出了这一范围,MATLAB 以类似于计算器的计数法来显示结果。用户可以通过键入适当的 MATLAB 命令选择数值格式以取代默认格式。如表 3-2 所示给出数值格式的命令说明。例如,键入除数 a＝215/6,在 MATLAB 工作空间中将显示:

a ＝

35.8333

表 3-2　数据格式命令说明

命　　令	数据显示	说　　明
Format long	35.83333333333334	16 位
Format short e	35.833e+01	5 位加指数
Format long e	35.83333333333334e+01	16 位加指数
Format short g	35.833	仅用 5 位数表示
Format long g	35.8333333333333	用 15 位数表示
Format hex	4041eaaaaaaaaaab	十六进制
Format bank	35.83	2 个十进制位
Format ＋	＋	正、负或零
Format rat	215/6	有理数近似
Format short	35.8333	默认显示

3.1.2　数组与矩阵运算

1. 矩阵与数组的概念及其区别

矩阵最早来自方程组的系数及常数所构成的方阵,这一概念由 19 世纪英国数学家凯利首先提出。在数学上,定义由 $m \times n$ 个数 a_{ij} $(i=1,2,\cdots,m;j=1,2,\cdots,n)$ 排列成的 m 行 n 列的数表

$$\boldsymbol{A}=\begin{bmatrix} a_{11} & a_{12} & \cdots & a_{1n} \\ a_{21} & a_{22} & \cdots & a_{2n} \\ \vdots & \vdots & & \vdots \\ a_{n1} & a_{n2} & \cdots & a_{mn} \end{bmatrix}$$

为 m 行 n 列矩阵,并用大写字母 A 表示它。

只有一行的矩阵称为行向量,如:

$$\boldsymbol{A}=(a_1 \quad a_2 \quad \cdots \quad a_n)$$

同理,只有一列的矩阵称为列向量,如:

$$A = \begin{pmatrix} a_1 \\ a_2 \\ \vdots \\ a_n \end{pmatrix}$$

数组是在程序设计中,为了方便处理,把具有相同类型的若干变量按有序的形式组织起来的一种形式。这些序列的同类数据元素的集合称为数组。

在 MATLAB 中,一个数组可以分解为多个数组元素,这些数组元素可以是基本数据类型或构造类型。因此按数组元素的类型不同,数组又可以分为数值数组、字符数组、单元数组、结构数组等各种类别。

由此可见,矩阵和数组在 MATLAB 中在很多方面存在区别,主要为以下几个方面:

- 矩阵是数学上的概念,而数组是计算机程序设计领域的概念。
- 作为一种变换或者映射算符的体现,矩阵运算有着明确而严格的数学规则。而数组运算是 MATLAB 软件定义的规则,其目的是为了使数据管理方便,操作简单,命令形式自然,执行计算有效。

两者间的联系主要体现在:在 MATLAB 中,矩阵是以数组的形式存在。因此,一维数组相当于向量,二维数组相当于矩阵,所以矩阵是数组的子集。

2. 数组的创建

(1)直接输入创建简单数组

在 MATLAB 中一般使用方括号"[ ]"、逗号","、空格号和分号";"来创建数组,数组中同一行元素使用逗号或空格进行分隔,不同行间用分号进行分隔。

📖　分隔符必须在英文状态下输入。

【例 3-2】　创建空数组、行向量、列向量示例。

在 MATLAB 中输入如下语句:

```
≫clear all
≫A = [ ]                    %建立空数组
≫B = [6 5 4 3 2 1]          %使用空格进行分隔,建立行向量
≫C = [6,5,4,3,2,1]          %使用逗号进行分隔,建立行向量
```

```
≫D = [6;5;4;3;2;1]        %使用分号进行分行,建立列向量
≫E = B′                   %转置
```

输出结果如下:

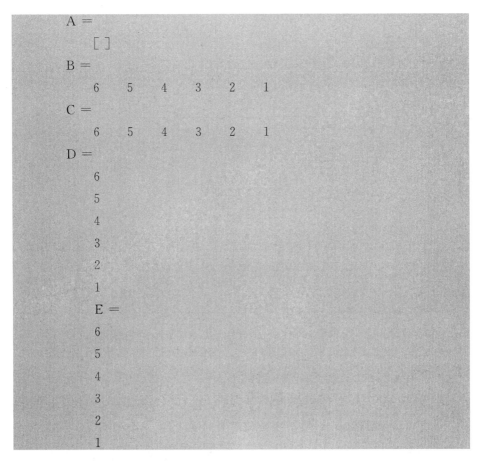

```
A =
    [ ]
B =
    6    5    4    3    2    1
C =
    6    5    4    3    2    1
D =
    6
    5
    4
    3
    2
    1
E =
    6
    5
    4
    3
    2
    1
```

(2) 通过冒号创建一维数组

在 MATLAB 中,通过冒号创建一维数组的格式如下:

```
x = A : step :
```

其中,A 是创建一维数组的第一个变量,step 是每次递增或递减的数值,直到最后一个元素小于等于 step 的绝对值为止。

　　不指定 step 大小时,系统默认 step = 1。

【例 3-3】 通过冒号创建一维数组示例。

在 MATLAB 中输入如下语句：

```
≫clear all
≫A = 2 : 6
≫B = 2.1 : 1.5 : 6
≫C = 2.1 : −1.5 : −6
≫D = 2.1 : −1.5 : 6
```

输出结果如下：

```
A =
    2   3   4   5   6
B =
    2.1000   3.6000   5.1000
C =
    2.1000   0.6000   −0.9000   −2.4000   −3.9000   −5.4000
D =
    Empty matrix: 1−by−0
```

📖 在命令 2.1 : −1.5 : 6 中，当 step<0 且 A<B 时返回数组。

(3) 通过 logspace 函数创建一维数组

MATLAB 中常用 logspace 函数来创建一维数组，该函数的调用方式如下：

y = logspace(a,b)：该函数创建行向量 y，第一个元素为 10^a，最后一个元素为 10^b，形成总数为 50 个元素的等比数列。

y = logspace(a,b,n)：该函数创建行向量 y，第一个元素为 10^a，最后一个元素为 10^b，形成总数为 n 个元素的等比数列。

【例 3-4】 通过 logspace 函数创建一维数组示例。

在 MATLAB 中输入如下语句：

```
≫clear all
≫format short;
≫A = logspace(1,2,20)
≫B = logspace(1,2,10)
```

输出结果如下：

```
A =
    Columns 1 through 12
    10.0000   11.2884   12.7427   14.3845   16.2378   18.3298
    20.6914   23.3572   26.3665   29.7635   33.5982   37.9269
    Columns 13 through 20
    42.8133   48.3293   54.5559   61.5848   69.5193   78.4760
    88.5867  100.0000
B =
    10.0000   12.9155   16.6810   21.5443   27.8256   35.9381
    46.4159   59.9484   77.4264  100.0000
```

（4）通过 linspace 函数创建一维数组

MATLAB 中常用 linspace（ ）函数来创建一维数组，该函数的调用方式如下：

y = linspace(a,b)：该函数创建行向量 y，第一个元素为 a，最后一个元素为 b，形成总数为 100 个元素的等比数列。

y = linspace(a,b,n)：该函数创建行向量 y，第一个元素为 a，最后一个元素为 b，形成总数为 n 个元素的等比数列。

【例 3-5】 通过 linspace 函数创建一维数组示例。

在 MATLAB 中输入如下语句：

```
≫clear all
≫format short;
≫A = linspace(1,100)
≫B = linspace(1,36,12)
≫C = linspace(1,36,1)
```

输出结果如下：

```
A =
    Columns 1 through 20
    1  2  3  4  5  6  7  8  9  10  11  12
    13  14  15  16  17  18  19  20
```

```
Columns 21 through 40
  21  22  23  24  25  26  27  28  29  30  31  32
  33  34  35  36  37  38  39  40
Columns 41 through 60
  41  42  43  44  45  46  47  48  49  50  51  52
  53  54  55  56  57  58  59  60
Columns 61 through 80
  61  62  63  64  65  66  67  68  69  70  71  72
  73  74  75  76  77  78  79  80
Columns 81 through 100
  81  82  83  84  85  86  87  88  89  90  91  92
  93  94  95  96  97  98  99  100
B =
  1.0000   4.1818   7.3636  10.5455  13.7273  16.9091
 20.0909  23.2727  26.4545  29.6364  32.8182  36.0000
C =
  36
```

（5）内置函数生成数组

MATLAB 中提供了一系列的内置函数，可用来初始化矩阵，直接生成数组。如表 3-3 所示列出了常用的内置函数。

表 3-3   常用的内置函数

函数名	说　　明
ones(a1,a2,a3,…)	生成维数为 a1×a2×a3×… 的全 1 数组
zeros(a1,a2,a3,…)	生成维数为 a1×a2×a3×… 的全 0 数组
rand(a1,a2,a3,…)	生成维数为 a1×a2×a3×… 的数组，数组元素服从 [0,1] 上的均匀分布
randn(a1,a2,a3,…)	生成维数为 a1×a2×a3×… 的数组，数组元素服从标准正态分布
repmat(a1,a2,a3,…)	生成维数为 a1×a2×a3×… 的数组，数组元素为 m
eye(n,m)	生成一个 n×m 的单位矩阵
magic(n)	生成 n 阶魔方矩阵，各方向元素之和相等的方阵

【例 3-6】 标准数组产生的演示。

```
≫ones(1,2)              %生成一个 1 行 2 列的全 1 数组
ans =
     1     1
≫zeros(2)              %生成一个 2 行 2 列的全 0 数组
ans =
     0     0
     0     0
≫rand('state',0)
≫rand(2,3)              %生成一个 2 行 3 列的均匀分布随机变量
ans =
    0.9501    0.6068    0.8913
    0.2311    0.4860    0.7621
≫E = eye(3)            %生成一个 3 行 3 列的单位数组
E =
     1     0     0
     0     1     0
     0     0     1
```

2. 矩阵的创建

如果仅从数据的排列上看,矩阵就是二维数组,这些数组规定了特定的运算与意义。下面,我们简单介绍一下矩阵的创建。

(1) 建立简单矩阵

简单矩阵采用矩阵构造符号——方括号"[ ]",将矩阵元素置于方括号内,同行元素之间用空格或逗号隔开,行与行之间用分号";"隔开。

【例 3-7】 简单矩阵构造示例。

在 MATLAB 中输入如下语句:

```
≫A = [2,3,5;3,6,10]           %使用逗号和分号构造二维数组
≫B = [2 3 5;3 6 10]           %使用空格和分号构造二维数组
≫V1 = [8,59,60,33]            %构造行向量
≫V2 = [5;8;3;4;9]             %构造列向量
≫Z = [1+2i,3+4i;5+6i,7+8i]    %构造复数矩阵
```

输出结果如下：

```
A =
     2      3      5
     3      6      10
B =
     2      3      5
     3      6      10
V1 =
     8      59      60      33
V2 =
     5
     8
     3
     4
     9
Z =
     1.0000＋2.0000i      3.0000＋4.0000i
     5.0000＋6.0000i      7.0000＋8.0000i
```

(2) 利用 MATLAB 函数创建矩阵

MATLAB 为用户提供了创建矩阵的函数，分别是：

- ones( )函数：用于产生全 1 的矩阵，ones(n)产生 n 维的全 1 阵，ones(n,m)产生 n 行 m 列的全 1 阵。
- zeros( )函数：用于产生全 0 的矩阵。
- rand( )函数：函数用于产生正态分布的矩阵。
- randn( )函数：函数用于产生正态分布的矩阵。
- eye( )函数：用于产生单位阵，eye(n)产生 n 维的单位阵。

【例 3-8】 特殊矩阵构造示例。

在 MATLAB 中输入如下语句：

```
≫A = ones(2)
≫B = zeros(2)
```

```
≫C = eye(2)
≫D = eye(2,3)
≫E = rand(2,3)
```

输出结果如下：

```
A =
    1    1
    1    1
B =
    0    0
    0    0
C =
    1    0
    0    1
D =
    1    0    0
    0    1    0
E =
    0.2785    0.9575    0.1576
    0.5469    0.9649    0.9706
```

（3）利用函数 reshape 建立数值矩阵。

利用函数 reshape 建立数值矩阵的具体格式为：

```
    B = reshape(A,m,n)    %将矩阵 A 的元素返回到一个 m×n 的矩阵
```
B。如果 A 中没有 m×n 个元素,则返回一个错误。

【例 3-9】 函数 reshape 构造矩阵示例。

在 MATLAB 中输入如下语句：

```
≫xv = 1：12           %产生有 12 个元素的行向量 xv
≫ym = reshape(xv,3,4)  %利用向量 xv 建立 3×4 矩阵 ym
```

输出结果如下：

```
xv =
    1  2  3  4  5  6  7  8  9  10  11  12
```

```
ym =
    1   4   7   10
    2   5   8   11
    3   6   9   12
```

3.2 基本数据运算

3.2.1 矩阵运算

矩阵是 MATLAB 最基本的数据对象，MATLAB 中大部分运算或命令都是在矩阵运算的意义下执行。并且，不需要对矩阵的维数和类型进行说明，MATLAB 会根据用户输入的内容自动进行配置。

1. 矩阵与标量运算

矩阵与标量运算完成矩阵中每个元素对该标量的运算，运算包括加、减、乘、除法与乘方等。

若键入：

```
≫A = [1   2   3
      4   5   6];
```

则有：

```
A−2 =
   −1    0    1
    2    3    4
A * 2 =
    2    4    6
    8   10   12
A/2 =
   0.5000   1.0000   1.5000
   2.0000   2.5000   3.0000
```

MATLAB 用符号"^"表示乘方，求矩阵乘方时要求矩阵为方矩阵。如已知矩阵：B = [2 4;1 5]

若键入：

>>B^2   %其平方为 B×B

则有：

```
ans =
    8    28
    7    29
```

若键入：

>>B^(-1)%实际上是求 B 的逆矩阵

则有：

```
ans =
    0.8333    -0.6667
   -0.1667     0.3333
```

若键入：

>>C = B^(0.2)%C 矩阵的 5 次方为 B,C^5=B

则有：

```
C =
    1.0862    0.3448
    0.0862    1.3448
```

2. 矩阵与矩阵的运算

矩阵 A 和 B 的维数完全相同时,可以进行矩阵加减运算,它会自动将 A 和 B 矩阵对应元素相加减。如果 A 和 B 的维数不相等,MATLAB 将给出错误信息,提示用户两个矩阵维数不相等。如已知矩阵:A = [1 2 3;4 5 6];B= [7;8;9];C = [10;11;12]

若键入：

>>A + B

则有：

```
Error using   +
Matrix dimensions must agree.
```

若键入：

```
≫B+C
```

则有：

```
ans =
        17
        19
        21
```

📖　如果两个矩阵的维数不相同,则将给出错误的信号。

A 的列数等于 B 的行数时,可进行 A×B 的乘法运算。对于上述定义的 A 和 B 矩阵,若键入：

```
≫D = A * B
```

则有：

```
D =
      50
     122
```

MATLAB 中定义了一种特殊的运算,即所谓的点运算。两个矩阵之间的点运算是矩阵对应元素的相互运算,例如 C=A. * B 表示 A 和 B 矩阵相应元素之间进行乘法运算,然后再将值赋给 C 矩阵。注意,点乘积运算要求 A 和 B 矩阵的维数相同。这种运算与普通乘法运算是不同的。若已知:A = [1 2;3 4];B = [2 2;1 2]

键入：

```
≫C = A * B
```

则有：

```
C =
```

```
            4        6
           10       14
```

而键入：

```
≫D＝A. ＊B
```

则有：

```
D ＝
    2    4
    3    8
```

可以看出这两种乘积结果是不同的：前者是普通矩阵乘积，而后者是两个数组对应元素之间的乘积。点运算在 MATLAB 中起到重要的作用。例如，如果 x 是一个向量，则求取函数 x 的模值时不能直接写成 x ＊ x，而必须写成 x. ＊ x。

矩阵的除法包括左除和右除两种运算。其中：

- 左除表示为：A\B ＝ A－1B，要求 A 为方阵；
- 右除表示为：A/B＝AB－1，要求 B 为方阵。

若已知：A ＝ [1 2；3 4]；B ＝ [1 3 5；2 4 6]，键入：

```
≫C ＝ A\B
```

则有：

```
C ＝
    0          －2.0000       －4.0000
    0.5000      2.5000        4.5000
```

若已知 D ＝ [1 1 3；1 2 3；4 5 6]，键入：

```
≫B/D
```

则有：

```
ans ＝
    0     2.3333      －0.3333
    0     2.0000       0
```

3. 运算优先级

在一个表达式中,算术运算符优先级最高,其次是关系运算符,最后是逻辑运算符。需要时可以通过加括号来改变运算顺序,MATLAB 中具体的运算优先级排列如表 3-4 所示。

表 3-4   运算优先级

优先级	运算法则	优先级	运算法则
1	括号:()	6	关系运算:>,>=,<,<=,==,~=
2	转置和乘幂:',^,.^	7	逐个元素的逻辑与:&
3	一元加减运算和逻辑非:+,-,~	8	逐个元素的逻辑或:|
4	乘除,点乘,点除:*,/,.*,./	9	捷径逻辑与:&&
5	冒号运算:	10	捷径逻辑或:||

4. MATLAB 常用矩阵运算函数

(1) size() 函数

size() 函数用于计算矩阵的行数和列数,其调用格式为:

$[m,n] = \text{size}(a)$ %将矩阵 a 的行数赋值给 m、列数赋值给 n

例如,运行如下命令:

```
≫a = [1 3 5 7 9
      2 4 6 8 10];
≫ [m,n] = size(a)
```

运行结果为:

```
m =
     2
n =
     5
```

(2) length() 函数

length() 函数用于计算矩阵的长度(列数),其调用格式为:

$a = \text{length}(b)$ %将矩阵 b 的列数赋值给变量 a

例如,运行如下命令:

```
≫b = ones(1,100);
≫a = length(b)
```

运行结果为:

```
a =
    100
```

（3）prod()函数

prod()函数用于实现矩阵元素的求积运算,其调用格式为:

　　prod(a)　　%若 a 为向量,则该调用格式将计算出向量 a 所有元素之积。若 a 为矩阵,则该调用格式将产生一行向量,其元素分别为矩阵 a 的各列元素之积。

　　prod(a,k)　　%该调用格式将对矩阵 a 按 k 定义的方向进行求积运算,若 k=1 则按列的方向求积,若 k=2 则按行的方向求积。

例如,运行如下命令:

```
≫b = [1 1 1 1
      2 2 2 2
      3 3 3 3];
   ≫p1 = prod(b)
   ≫p2 = prod(b,2)
```

运行结果为:

```
p1 =
    6   6   6   6
p2 =
    1
    16
    81
```

（4）sum()函数

sum()函数用于实现矩阵元素的求和运算,其调用格式与 prod()函数类似。

（5）max()函数

max()函数用于求出矩阵元素的最大值,其调用格式为:

> max(a)　　%若 a 为向量,则该调用格式将求出向量 a 所有元素中的最大值。若 a 为矩阵,该调用格式将产生一行向量,其元素分别为矩阵 a 的各列元素的最大值。
>
> max(a,k)　　%该调用格式将对矩阵 a 按 k 定义的方向求最大值,若 k=1 则按列的方向求最大值,若 k=2 则按行的方向求最大值。

另外,与 max()相类似的函数还有 min()(求最小值)和 mean()(求平均值)函数,它们的调用格式与 max 函数完全相同。

5. 矩阵的高级操作

(1) 矩阵元素的寻址

A(i,j):表示访问第 i 行第 j 列的元素。

A(1:m,n):表示访问第 n 列的第一个至第 m 个元素。

A(m,:):表示访问第 m 行的所有元素。

A(i:j,m:n):访问从第 i 行至第 j 行、从第 m 列至第 n 列的矩阵区域。

A(i:inc1:j,m:inc2:n):表示访问从第 i 行至第 j 行,行间隔为 inc1 行;从第 m 列至第 n 列,列间隔为 inc2 的非相邻的多个矩阵元素。

A(:,[i,j]):表示访问第 i 列至第 j 列的全部元素。

A([[i,j],n:end]):表示访问第 n 列起到最后一列中位于第 i 行和第 j 行的元素。

A(n):表示访问矩阵 A 的第 n 个元素。

A([m,n]):表示访问矩阵 A 的第 m 和第 n 个元素。

例如,运行如下命令:

```
≫A = zeros(2,6)%创建 2×6 的全零数组
≫A(:) = 1:12　　%单下标法,对 2×6 的全零数组全部元素赋值
≫a8 = A(8)
≫a311 = A([3,11])
≫A(3,7) = 37　　%双下标法,对数组 A 的第 3 行第 7 列元素赋值
≫a13 = A(:,[1,3])
≫aend = A([2,3],4:end)
```

结果如下:

```
A =
    0    0    0    0    0    0
    0    0    0    0    0    0

A =
    1    3    5    7    9    11
    2    4    6    8   10    12

a8 =
    8

a311 =
    3   11

A =
    1    3    5    7    9   11    0
    2    4    6    8   10   12    0
    0    0    0    0    0    0   37

a13 =
    1    5
    2    6
    0    0

aend =
    8   10   12    0
    0    0    0   37
```

（2）矩阵元素的赋值

MATLAB 使用赋值语句对矩阵元素进行赋值，基本语法如下：

```
A(i,j) = value   %等号左侧为矩阵中的某个元素，等号右侧为值。
A = [ ]          %给 A 中每个元素赋空值，即删除矩阵中所有元素。
```

例如，运行如下命令：

```
≫A = zeros(2,6)%创建 2×6 的全零数组
≫A(:) = 1:12    %单下标法，对 2×6 的全零数组全部元素赋值
≫A(3,7) = 37    %双下标法，对数组 A 的第 3 行第 7 列元素赋值
≫A = [ ]        %删除 A 中所有元素
```

结果如下：

```
A =
   0    0    0    0    0.   0
   0    0    0    0    0    0
A =
   1    3    5    7    9    11
   2    4    6    8    10   12
A =
   1    3    5    7    9    11   0
   2    4    6    8    10   12   0
   0    0    0    0    0    0    37
A =
   [ ]
```

（3）矩阵元素的扩展和删除

增加和删除矩阵元素最常用的办法是使用赋值语句。

例如，对任意矩阵 A 输入如下命令：

```
≫A = [1 1;2 2]
≫A(3,:) = 3                %整行赋值
≫A(4,1) = 4;A(4,2) = 5     %单个矩阵元素赋值的办法增加
                             新元素
≫A(2,:) = [ ]              %使用空矩阵[ ]删除矩阵中的整
                             行或整列
```

结果如下：

```
A =
   1    1
   2    2
A =
   1    1
   2    2
   3    3
```

```
A =
    1    1
    2    2
    3    3
    4    5
A =
    1    1
    3    3
    4    5
```

（4）矩阵的合并

MATLAB 中提供了多个函数进行矩阵合并操作，实现将多个矩阵合并成一个矩阵。这些函数如表 3-5 所示。

表 3-5　矩阵合并函数

命　令	说　明
cat(DIM,A,B)	在 DIM 指定的维度上合并矩阵 A 和 B DIM=1 表示按行（竖直方向）合并 DIM=2 表示按列（水平方向）合并
horzcat(A,B)	在水平方向合并矩阵 A 和 B
vercat(A,B)	在竖直方向合并矩阵
B=repmat(A,M,N)	通过复制 M×N 的矩阵 A 来构造新矩阵 B
Y=blkdiag(A,B,…)	用已知的 A、B 等多个矩阵构造块对角化矩阵 Y，其中 $$Y=\begin{bmatrix} A & 0 & \cdots & 0 \\ 0 & B & \cdots & 0 \\ 0 & 0 & \cdots & N \end{bmatrix}$$

【例 3-10】　设矩阵 $A=\begin{bmatrix} 2 & 0 & -1 \\ 1 & 3 & 2 \end{bmatrix}$、$B=\begin{bmatrix} 1 & 7 & -1 \\ 4 & 2 & 3 \\ 2 & 0 & 1 \end{bmatrix}$、$C=\begin{bmatrix} 1 & 0 & 1 & 0 \\ -1 & 2 & 0 & 1 \end{bmatrix}$，利用 cat 函数分别对矩阵 A、B 和 A、C 进行合并操作，函数中输入 DIM 分别取 DIM=1 及 DIM=2。

程序如下：

```
≫A = [2 0 −1;1 3 2];
≫B = [1 7 −1;4 2 3;2 0 1];
≫C = [1 0 1 0;−1 2 0 1];
≫MAB1 = cat(1,A,B)              %将矩阵 A、B 按行合并
≫MAC2 = cat(2,A,C)              %将矩阵 A、C 按行合并
```

输出结果为：

```
MAB1 =
    2    0   −1
    1    3    2
    1    7   −1
    4    2    3
    2    0    1
MAC2 =
    2    0   −1    1    0    1    0
    1    3    2   −1    2    0    1
```

（5）矩阵的重新定义

在 MATLAB 中使用 reshape 函数可使矩阵变形，即完成矩阵的重新定义。

例如，在 MATLAB 中输入如下命令：

```
≫a = 1 : 24;                   %创建 1×24 的数组
≫A = reshape(a,3,8)           %把一维数组 a 变成 3×8 的二维数组
≫B = reshape(A,2,4,3)         %把 3×8 的数组变成 2 行 4 列 3 页的三
                                维数组
```

输出结果如下：

```
A =
    1    4    7   10   13   16   19   22
    2    5    8   11   14   17   20   23
    3    6    9   12   15   18   21   24
B(:,:,1) =
    1    3    5    7
    2    4    6    8
```

```
        B(:,:,2) =
            9      11      13      15
           10      12      14      16
        B(:,:,3) =
           17      19      21      23
           18      20      22      24
```

（6）MATLAB 中其他矩阵操作函数

MATLAB 中其他矩阵操作函数如表 3-6 所示。

表 3-6　矩阵操作函数

命　令	说　　明
flipud(A)	矩阵作上下翻转
fliplr(A)	矩阵作左右翻转
rot90(A)	矩阵逆时针旋转 90 度
diag(A)	提取矩阵 A 的对角元素,返回列向量
diag(V)	以列向量 V 作对角元素创建对角矩阵
tril(A)	提取 A 的下三角矩阵
triu(A)	提取 A 的上三角矩阵
circshift	循环移动数组

3.2.2　多项式运算

多项式作为线性方程组的表现形式,在运算及应用中具有非常重要的意义,本节将重点介绍多项式的各种运算法则、运算函数及操作指令,并特别对有理多项式进行说明。

1. 多项式的表达和创建

MATLAB 中使用一维向量来表示多项式,将多项式的系数按照降幂次序存放在向量中。多项式 P(x) 的具体表示方法为:

$P(x) = a_0 x^n + a_1 x^{n-1} + \cdots + a_{n-1} x + a_n$ 的系数构成的向量为$[a_0 \quad a_1 \quad \cdots \quad a_n]$

例如,多项式 $2x^4 + 3x^3 + 5x^2 + 1$ 就可以用向量[2 3 5 0 1]来表示。值得注意的是,多项式中缺少幂次的系数应当为"0"。在 MATLAB 中多项式由一个行向量表示,它的系数是按降幂排列的。

【例 3-11】 在 MATLAB 中输入多项式 $3x^4 - 10x^3 + 15x + 1000$。

程序如下:

```
≫P = [3 −10 0 15 1000]
```

输出结果为:

```
P =
    3   −10   0   15   1000
```

📖 必须包括具有 0 系数的项,例如例 3-11 中,多项式并没有二次项,因此二次项的系数为 0,否则 MATLAB 是无法知道哪一项为 0 的。

【例 3-12】 将向量表示的多项式用字符串输出的通用函数进行表示。

创建 M 文件,并命名为 pprintf. m。

利用 M 文件编辑器,在 pprintf. m 文件中写入:

```
function s=pprintf(p)
%ppfintf: for polynomial printf.
%ppfrintf(p) printf p as string
if nargin>1
    error('Too much input arguments')        %确认输入变量
end
while p(1)==0
    p(1)=[ ];                                 %将高次的零去掉
end
l=length(p);                                  %计算 p 的长度
if l==0
  s= '0';
elseif l==1
    s=num2str(p(1));
    elseif l==2
    s=strcat(num2str(p(1)),'x+',num2str(p(2)));
```

```
    elseif l>2
        for i=1:l
          if i==1
            if p(i)==1
                s=strcat('x^',num2str(l-i),'');
            else
                s=strcat(num2str(p(i)),'x^',num2str(l-i),'');
            end
          elseif i==l
                s=strcat(s,'+',num2str(p(i))');
          elseif i==l-1
                s=strcat(s,'+',num2str(p(i)),'x');
          else
          if p(i)==0
          else
                s=strcat(s,'+',num2str(p(i)),'x^',num2str(l-i),'');
          end
          end
        end
    end
```

现在,为了试验函数 pprintf,在命令窗口输入:

```
p = [1 0 3 5 7 9];
a = pprintf(p)
title(a)
```

输出结果为:

```
a =
    x^5+3x^3+5x^2+7x+9
```

2. 多项式求根

(1) 多项式的根

找出多项式的根，即使多项式为 0 的值，可能是许多学科共同的问题。MATLAB 能求解这个问题，并提供了特定函数 roots 求解多项式的根。

【例 3-13】 求解多项式 $3x^4 - 10x^3 + 15x + 1000$ 的根。

程序如下：

```
≫p = [3,−10,0,15,1000];
≫r = roots(p)
```

输出结果为：

```
r =
    4.0283 + 2.8554i
    4.0283 − 2.8554i
   −2.3616 + 2.8452i
   −2.3616 − 2.8452i
```

（2）由根创建多项式

在 MATLAB 中，无论是一个多项式还是它的根，都是以向量形式存储的，按照惯例，多项式是行向量，根是列向量。因此当我们给出一个多项式的根时，MATLAB 也可以构造出相应的多项式，这个过程需要使用函数 poly。

函数 poly 用于由指定根求多项式的系数向量，其调用格式为：

```
A = poly(p)
```

其中 p 为多项式的根（行或列向量表示），A 为返回的多项式系数（行向量表示）。

例如，在 MATLAB 中输入如下命令：

```
≫p = [2 1];            %指定多项式的根为 2 和 1
≫poly(p)               %求满足指定根的多项式
```

输出结果为：

```
ans=
    1   −3   2
```

可见 roots( )与 poly( )互为逆运算。

3. 多项式的四则运算

（1）多项式的加减运算

MATLAB 没有提供专门进行多项式加减运算的函数。事实上,多项式的加减运算就是其所对应系数向量的加减运算。

- 对于次数相同的多项式,可以直接对其系数向量进行加减运算;
- 如果两个多项式的次数不同,则应该把低次多项式中系数不足的高次项用 0 补足,然后进行加减运算。

【例 3-14】　多项式加法运算示例。

程序如下:

```
≫a = [1 3 5 7 9];
≫b = [1 2 4 6 8];
≫c = a + b
```

输出结果为:

```
c =
    2    5    9    13    17
```

即结果是:$c(x) = 2x^4 + 5x^3 + 9x^2 + 13x + 17$。

(2) 多项式的乘法

MATLAB 中,函数 conv 用于求两个多项式的乘积多项式,即执行两个数组的卷积。其调用格式为:

```
R = conv(A,B)
```

其中 A、B 分别表征两个多项式的行向量,R 为返回的乘积多项式的系数向量(按降幂次序排列)。

例如,在 MATLAB 中输入如下命令:

```
≫A = [1 3 2];            %创建多项式 S²+3S+2
≫B = [1 2 1];            %创建多项式 S²+2S+1
≫R = conv(A,B)           %求多项式 A 与 B 的乘积多项式
```

输出结果为:

```
R =
    1    5    9    7    2
```

即结果是:$R(x) = x^4 + 5x^3 + 9x^2 + 7x + 2$。

（3）多项式的除法

函数 deconv 用于进行两个多项式的相除运算，即执行两个数组的解卷积。它是相乘运算（conv）的逆运算。其调用格式为：

$$[B,t] = deconv(R,A)$$

其中 R 为除数多项式，A 为被除数多项式，B 为商多项式，t 为余多项式。即多项式 R 除以多项式 A 后得商多项式 B 和余多项式 t。

例如：在 MATLAB 中输入如下命令：

```
≫R = [1 5 9 7 2];          %创建多项式 s⁴+5s³+9s²+7s+2
≫A = [1 2 3];              %创建多项式 s²+2s+3
≫[B,t]=deconv(R,A)         %求多项式 R 除以多项式 A 后的商多项
                             式 B 和余多项式 t
```

输出结果为：

```
B =
    1   3   0
t =
    0   0   0  -2   2
```

若余多项式系数向量为零向量，则表示 R 能除尽多项式 A。

4. 多项式的导数、积分与估值

（1）多项式的导数

MATLAB 为多项式求导提供了函数 polyder，其调用格式为：

```
k = polyder(p)   %返回多项式 p 的导数表达式的系数。
k = polyder(a,b) %返回多项式 a 和 b 乘积的导数表达式系数。
```

【例 3-15】 多项式求导运算示例。

程序如下：

```
≫d = [1 5 15 35 69 100 118 110 72];
≫e = polyder(d)
```

输出结果为：

```
e =
    8    35    90   175   276   300   236   110
```

（2）多项式的积分

MATLAB 为多项式的积分提供了函数 polyint。其具体的语法格式如下：

```
polyint(P,k)      %返回多项式 P 的积分,积分常数项为 k。
  polyint(P)      %返回多项式 P 的积分,积分常数项默认值为 0。
```

【例 3-16】　多项式积分运算示例。

程序如下：

```
≫d = [1 5 15 35 69 100 118 110 72];
≫f = polyint(d)
```

输出结果为：

```
f =
    Columns 1 through 5
    0.1111      0.6250      2.1429      5.8333      13.8000
    Columns 5 through 10
    25.0000     39.3333     55.0000     72.0000          0
```

（3）多项式的估值

根据多项式系数的行向量,可对多项式进行加、减、乘、除和求导运算,也能对它们进行估值。在 MATLAB 中,由函数 polyval 来完成。

【例 3-17】　多项式的估值示例。

程序如下：

```
≫x = -1 : 0.01 : 1;          %生成自变量
≫g = [1 35 7 9];             %函数对应的多项式
≫h = polyval(g,x);           %进行估值运算
≫plot(x,h);
≫xlabel('x');
≫title('x^4+3x^3+5x^2+7x+9');%将估值运算结果对自变量作图
```

输出结果如图 3-3 所示。

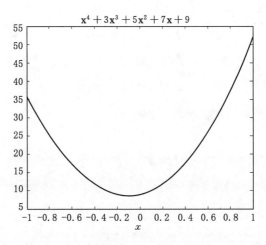

图 3-3　多项式估值运行结果

5. 多项式运算函数及操作指令

多项式的运算函数及常用操作指令如表 3-7 和表 3-8 所示。

表 3-7　多项式运算函数

命　令	说　明
conv(a,b)	乘法
[q,r]=deconv(a,b)	除法
poly(r)	用根构造多项式
polyder(a)	对多项式或有理多项式求导
polyfit(x,y,n)	多项式数据拟合
polyval(p,x)	计算 x 点中多项式的值
[r,p,k]=residue(a,b)	部分分式展开式
[a,b]=residue(r,p,k)	部分分式组合
roots(a)	求多项式的根

表 3-8　多项式操作指令

命　令	说　明
mmp2str(a)	多项式向量到字符串变换,a(s)
mmp2str(a,'x')	多项式向量到字符串变换,a(x)
mmp2str(a,'x',1)	常数和符号多项式变换

表 3-8(续)

命　令	说　明
mmpadd(a,b)	多项式加法
mmpsim(a)	多项式简化

6. 有理多项式

在 MATLAB 中,有理多项式由它们的分子多项式和分母多项式表示。对有理多项式进行运算的两个函数是 residue 和 polyder。

(1) 用函数 residue 执行部分分式展开的运算

【例 3-18】　有理多项式的展开。

程序如下:

```
≫num = [5 3 −2 7];          %分子多项式
≫den = [−4 0 8 3];          %分母多项式
≫[r,p,k] = residue(num,den)
```

输出结果为:

```
r =
    −1.4167
    −0.6653
     1.3320
p =
     1.5737
    −1.1644
    −0.4093
k =
    −1.2500
```

本例的结果可以表示成:

$$\frac{5x^3+2x^2-2x+7}{-4x^3}=\frac{-1.4167}{x-1.5737}+\frac{-0.6653}{x+1.1644}+\frac{1.332}{x+0.4093}-1.25$$

(2) residue 函数也可执行逆运算

【例 3-19】　有理多项式展开的逆运算。

程序如下:

```
≫num = [5 3 −2 7];                    %分子多项式
≫den = [−4 0 8 3];                    %分母多项式
≫ [r,p,k] = residue(num,den);
≫ [n,d] = residue(r,p,k)
```

输出结果为：

```
n =
    −1.2500   −0.7500    0.5000   −1.7500
d =
    1.0000   −0.0000   −2.0000   −0.7500
```

本例结果可表示成：

$$\frac{n(x)}{d(x)} = \frac{-1.25x^3 - 0.75x^2 + 0.5x - 1.75}{x^3 - 2x - 0.75}$$

（3）用函数 polyder 执行对多项式的求导

函数 polyder 可用来对多项式进行求导。除此之外，如果输入两个多项式，则 polyder 指令可对两个多项式构成的有理多项式求导。

【例 3-20】 有理多项式的求导。

程序如下：

```
≫num = [5 3 −2 7];                    %分子多项式
≫den = [−4 0 8 3];                    %分母多项式
≫ [b,a] = polyder(num,den)
```

输出结果为：

```
b =
    12    64    153    18    −62
a =
    16    0    −64    −24    64    48    9
```

3.3　程序设计

3.3.1　基本语法

程序设计，是给出解决特定问题程序的过程，是软件构造活动中的重要组成部分。简单来说,程序就是指令的集合。一般情况下,MATLAB 程序需要编写在 M 文件中。M 文件是文本文件,扩展名为 ∗.m。可以用任何编辑器来建立,可直接阅读。MATLAB 程序可直接调用 M 文件并执行。

M 文件分为两种:一种是主程序,为用户解决特定问题编制的;一种是子程序,即函数文件,其必须由其他 M 文件来调用,可以递归调用。MATLAB 软件的大部分功能是来自其建立的函数集。因此对于程序设计中的基本语法格式可根据以上两种情况进行描述。

1. 主程序文件

主程序文件格式特征如下:

(1) 用 clear、close all 等语句开始,清除原有的变量和图形。注释行以％号开始,增加可读性。MATLAB 不执行％号后面的任何内容。

(2) 程序的主体

全局变量:在子程序和主程序中共用的变量。应在程序的起始部分注明。

全局变量语句调用格式为:

```
global 变量名1  变量名2……
```

程序必须用半角英文字母和符号编制(包括标点符号),只有％号后面的注释可以用中文。同时,要注意流程控制语句的缩进及与 end 的对应关系。

(3) M 文件的文件名、路径名不能用中文,要按 MATLAB 的标识符编制,因为 M 文件也就是 MATLAB 的调用命令。在 MATLAB 命令窗口键入程序的 M 文件名后,系统就开始执行 M 文件中的程序。

【例 3-21】 列出一个求 fibonnaci 数的程序,它是一个数列,从[1,1]开始,由数列的最后两个元素之和生成新的元素,依次递推。

程序如下:

```
%计算 fibonnaci 数的 M 文件
clear,close all
N = input('输入最大数值范围 N=')
F = [1,1];i = 1;                        %变量的初始化
while f(i)+f(i+1)<N                     %循环条件检验
    f(i+2) = f(i+1)+f(i);i = i+1;       %求 fibonnaci 数的算式
end
f,plot(f)                              %显示和绘图
```

将程序以文件名 fibon.m 存入 MATLAB 搜索目录下,在 MATLAB 命令窗中键入 fibon,即可执行。

2. 函数文件

函数文件是用来定义子程序的。与主程序文件的主要区别有 3 点:

① 由 function 起头,后面跟的函数名必须与文件名相同。

② 有输入输出变量,可以进行变量传递。

③ 除用 global 声明外,程序中的变量均为局部变量,不保存在工作空间中。

【例 3-22】 函数文件示例。

程序如下:

```
%mean 文件(mean. m)
function y = mean(x)    %MEAN 求平均值。
%对于向量,mean(x)返回该向量 x 中各元素的平均值
%对于矩阵,mean(x)是一个包含各列元素平均值的行向量
[m,n] = size (x);
If m == 1
  m=n;
end    %处理单行向量
y = sum(x)/m
z = magic(7)
mean(z)
```

文件的第一条语句定义了函数名、输入变量及输出变量(这条语句可以区分程序文件和函数文件)。输入变量、输出变量可以有若干个,必须在第一条语句中列出。变量 m,n 和 y 都是函数 mean 的局部变量,当 mean 文件执行完毕,这些变量值会自动消失,不保存在工作空间中。如果在执行该文件前,工作空间中已有同名的变量,系统会把两者看作各自无关的变量。如果希望将两者看作同一变量,则必须在主程序和子程序中都加入 global 语句,对此共同变量进行声明。对输入变量 x 赋值,应把 x 替换成主程序中的已知变量。假如它是一个已知向量或矩阵 Z,可以写成 mean(Z),该变量 Z 通过变量替换传递给 mean 函数后,在子程序内,它就变成了局部变量 x。

3.3.2 程序结构

程序的控制结构有 3 种:顺序结构,分支结构和循环结构。任何复杂的程序都可以由这 3 种基本结构构成。

1. 顺序结构

顺序结构是最简单的程序结构,按照程序中语句的排列顺序依次执行,直到程序的最后一个语句。一般涉及数据的输入、数据的计算或处理、数据的输出等内容。

(1) 数据的输入

从键盘输入数据,可以使用 input 函数,该函数的调用格式为:

A=input(提示信息,选项);

其中,提示信息为一个字符串,用于提示用户输入什么样的数据。例如,输入 A 矩阵,可以采用下面的命令完成:

A=input('输入矩阵 A');

执行该语句时,屏幕上显示提示信息"输入矩阵 A",然后等待用户在键盘上按照 MATLAB 规定的格式输入 A 矩阵的值。

(2) 数据的输出

MATLAB 提供的命令窗口输出函数主要有 disp 函数,其调用格式为:

disp(输出项)

其中输出项既可以为字符串,也可以为矩阵。例如输入:

```
≫A='Hi'
≫Disp(A)
```

输出结果为:

Hi

又如输入:

```
≫A = [1,2,3;4,5,6;7,8,9];
≫disp(A)
```

输出结果为：

```
1 2 3
4 5 6
7 8 9
```

【例 3-23】 求一元二次方程 $ax^2+bx+c=0$ 的根。

由于 MATLAB 能进行复数运算，所以不需要判断方程的判别式，而直接根据求根公式求根。程序如下：

```
a = input('a = ?');
b = input('b = ?');
c = input('c = ?');
d = b*b-4*a*c;
x = [(-b+sqrt(d))/(2*a),(-b-sqrt(d))/(2*a)];
disp(['x1 = '.num2str(x(1)),'x2 =',num2str(x(2))]);
a = 4
b = 78
c = 54
```

输出结果为：

```
x1 = -0.7188,x2 = -18.7812
```

（3）程序的暂停

当程序运行时，为了查看程序的中间结果或者观看输出的图形，有时需要暂停程序的运行，这时可以使用 pause 函数，其调用格式为：

```
pause(延迟秒数)
```

如果省略延迟时间，直接使用 pause，则将暂停程序，直到用户按任一键后程序继续执行。若要强行终止程序的运行可按 Ctrl+C 键。

2. 选择结构

选择结构是根据给定的条件成立或不成立，分别执行不同的语句。MATLAB 用于实现选择结构的语句有：if 语句和 switch 语句。

（1）if 语句

在 MATLAB 中，if 语句有 3 种格式：

① 单分支 if 语句

语句格式：

```
if 条件
    语句组
end
```

当条件成立时,则执行语句组,执行完之后继续执行 if 语句的后续语句;若条件不成立,则执行 if 语句的后续语句。例如,当 x 是整数矩阵时,输出 x 的值,语句如下：

```
if fix(x)==x
    disp(x)
end
```

② 双分支 if 语句

语句格式：

```
if 条件
    语句组 1
else
    语句组 2
end
```

当条件成立时,执行语句组 1,否则执行语句组 2,语句组 1 或者语句组 2 执行后,再执行 if 语句的后续语句。

【例 3-24】 计算分段函数：

$$y=\begin{cases} \cos(x+1)+\sqrt{x^2+1}, & x=10 \\ x\sqrt{x+\sqrt{x}}, & x\neq10 \end{cases}$$

程序如下：

```
x = input('请输入 x 的值');
if x==10
    y = cos(x+1)+sqrt(x*x+1);
else
    y = x*sqrt(x+sqrt(x));
```

```
end
y
```

也可以用单分支 if 语句来实现：

```
x = input('请输入 x 的值');
y = cos(x+1)+sqrt(x * x+1);
if x~=10
    y=x * sqrt(x+sqrt(x));
end
y
```

或用如下程序：

```
x = input('请输入 x 的值');
if x==10
    y = cos(x+1)+sqrt(x * x+1);
end
if x~=10
    y = x * sqrt(x+sqrt(x));
end
y
```

③ 多分支 if 语句

语句格式：

```
if 条件 1
    语句组 1
else 条件 2
        语句组 2
...
elseif 条件 m
    语句组 m
else
    语句组 n
end
```

【**例 3-25**】　输入一个字符,若为大写字母,则输出其对应的小写字母;若为小写字母,则输出其对应的大写字母;若为数字字符则输出其对应的数值,若为其他字符则原样输出。

关于字符的处理,用 abs 或 double 函数可得到一个字符的 ASCII 码,用 char 和 setstr 函数可得到 ASCII 码对应的字符。本题是一个 4 分支选择结构,可用多分支 if 语句实现。

程序如下:

```
c = input('请输入一个字符','s');
if c>='A'&c<='Z'
        disp(setstr(abs(c)+abs('a')−abs('A')));
elseif c>='a'&c<='z'
        disp(setstr(abs(c)−abs('a')+abs('A')));
elseif c>='0'&c<='9'
        disp(abs(c)−abs('0'));
else
        disp(c);
end
```

输出结果为:

```
请输入一个字符 Z
z
请输入一个字符 x
X
```

(2) switch 语句

switch 语句根据表达式的取值不同,分别执行不同的语句,其语句格式为:

```
switch 表达式
    case 表达式 1
        语句组 1
    case 表达式 2
        语句组 2
    ...
```

```
case 表达式 m
    语句组 m
    otherwise
    语句组 n
end
```

【例 3-26】 switch 语句用法示例。

若某商场对顾客所购买的商品实行打折销售,标准如下(商品价格用 price 表示):

price<200	没有折扣
200≤price<500	3%折扣
500≤price<1000	5%折扣
1000≤price<2500	8%折扣
2500≤price<5000	10%折扣
5000≤price	14%折扣

输入所售商品的价格,求其实际销售价格。

程序如下:

```
price = input('请输入商品价格');
switch fix(price/100)
    case {0,1}                %价格小于200
        rate = 0
    case {2,3,4}              %价格大于等于200但小于500
        rate = 3/100
    case num2cell(5:9)        %价格大于等于500但小于1000
        rate = 5/100
    case num2cell(10:24)      %价格大于等于1000但小于2500
        rate = 8/100
    case num2cell(25:49)      %价格大于等于2500但小于5000
        rate = 10/100
    otherwise
        rate = 14/100         %价格大于等于5000
end
```

```
price ＝ price ＊(1－rate)%输出商品实际销售价格
```

3. 循环结构

循环结构是指按照给定的条件,重复执行指定的语句,这是一种十分重要
的程序结构。MATLAB 提供了两种实现循环结构的语句:for 语句和 while
语句。

(1) for 语句

for 语句的格式为:

```
for 循环变量 ＝ 表达式 1:表达式 2:表达式 3
    循环体语句
end
```

其中表达式 1 的值为循环变量的初值,表达式 2 的值为步长,表达式 3 的
值为循环变量的终值。步长为 1 时,表达式 2 可以省略。

【例 3-27】　for 循环语句用法示例 1。

存在一个 3 位整数,其各位数字的立方和等于该数本身,则称该数为水仙
花数。输出 100～999 之间的全部水仙花数。程序如下:

```
for m ＝ 100：999
    m1 ＝ fix(m/100);
    m2 ＝ rem(fix(m/10),10);
    m3 ＝ rem(m,10);
    if m＝＝m1 ＊ m2 ＊ m3＋m2 ＊ m2 ＊ m2＋m3 ＊ m3 ＊ m3
        disp(m)
    end
end
```

输出结果为:

```
153
370
371
407
```

【例 3-28】　for 循环语句用法示例 2。

已知 $y=\dfrac{1}{1^2}+\dfrac{1}{2^2}+\dfrac{1}{3^2}+\cdots+\dfrac{1}{n^2}$，当 n＝100 时，求 y 的值。程序如下：

```
y = 0;n = 100;
for i = 1:100
    y = y+1/i⁻2;
end
y
```

输出结果为：

```
y=
    1.6350
```

在实际 MATLAB 编程中，为提高程序的执行速度，常用向量运算代替循环操作，所以上述程序通常由下面的程序来代替：

```
n = 100;
i = 1:n;
f = 1./i.^2;
y = sum(f)
```

在这一程序中，首先生成一个向量 i，然后用 i 生成向量 f，f 各元素值即对应 y 的各累加项，再用 MATLAB 提供的 sum 函数求 f 各个元素之和。如果程序中的 n 值由 100 改为 1000，再分别运行这两个程序，则可以明显地看出，后一种方法编写的程序比前一种方法快得多。

（2）while 语句

while 语句的一般格式为：

```
while 条件
    循环体语句
end
```

其执行过程为：若条件成立，则执行循环体语句，执行后再判断条件是否成立，如果不成立则跳出循环。

【例 3-29】 while 循环语句用法示例。

从键盘输入若干个数，当输入 0 时结束输入，求这些数的平均值和它们的和。

程序如下：

```
sum = 0;
n = 0;
x = input('Enter a number(end in 0): ');
while (X~=0)
    sum = sum+x;
    n = n+1;
    x = input('Enter a number(end in 0): ');
if  (n>0)
    sum
    mean = sum/n
end
```

输出结果为：

```
Enter a number(end in 0):67
Enter a number(end in 0):89
Enter a number(end in 0):93
Enter a number(end in 0):70
Enter a number(end in 0):0
sum =
    319
mean =
    79.7500
```

（3）break 语句和 continue 语句

与循环结构相关的语句还有 break 语句和 continue 语句。它们一般与 if 语句配合使用。break 语句用于终止循环的执行。当在循环体内执行到该语句时，程序将跳出循环，继续执行循环语句的下一条语句；continue 语句控制跳出循环体中的某些语句。当在循环体内执行该语句时，程序将跳出循环体中所有剩下的语句，继续下一次循环。

【例 3-30】　break 和 continue 语句用法示例。

求[100,200]之间第一个能被 21 整除的整数。程序如下：

```
for  n = 100:200
    if  rem(n,21)~=0
    continue
    end
    break
end
n
```

输出结果为：

```
n =
    105
```

（4）循环的嵌套

如果一个循环结构的循环体又包含一个循环结构，就称为循环的嵌套，或称为多重循环结构。实现多重循环结构仍应用前面介绍的循环语句。因为任一循环语句的循环体部分都可以包含另一个循环语句。这种循环语句的嵌套为实现多重循环提供了方便。

多重循环的嵌套层数可以是任意的。按照嵌套层数，可分别称作二重循环三重循环等。其中，处于内部的循环称作内循环，处于外部的循环称作外循环。

【例 3-31】 循环的嵌套示例。

若一个数等于它的各个真因子，则称该数为完数，如 6＝1＋2＋3，所以 6 是完数。求[1,500]之间的全部完数。

程序如下：

```
for  m = 1:500
    s = 0;
    for  k = 1:m/2
        if  rem(m,k)==0
            s = s+k;
        end
    end
```

```
if   m==s
        disp(m)
    end
end
```

输出结果为:

```
6
28
496
```

3.3.3　逻辑控制

除了传统的数学运算,MATLAB 还支持逻辑运算,目的是提供求解真/假命题的答案。逻辑操作提供了一种按照逻辑"与(&)""或(|)""非(～)"形成的关系表达式,并应用于运算中。

逻辑关系运算的运算法则如下:

- 如果是非零元素则为真,用 1 表示;反之是零元素则为假,用 0 表示。
- 当两个比较量是维数相等的数组时,逐一比较两个数组相同位置的元素,并给出比较结果。最终的关系运算结果是一个与参与比较的数组维数相同的数组,其组成元素为 0 或 1。
- 与运算(a&b)时,a、b 全为非零,则为真,运算结果为 1;或运算(a|b)时,只要 a、b 有一个为非零,则运算结果为 1;非运算(～a)时,若 a 为 0,则运算结果为 1,a 为非零,则运算结果为 0。

【例 3-32】 数组的逻辑运算示例。

程序如下:

```
≫clear all
≫A = [1 5 6 8 9 6]
≫B = [9 5 6 2 4 0]
≫C = A & B
≫D = A | B
≫E = ～B
```

输出结果如下:

```
A =
    1    5    6    8    9    6
B =
    9    5    6    2    4    0
C =
    1    1    1    1    1    0
D =
    1    1    1    1    1    1
E =
    0    0    0    0    0    1
```

【例 3-33】 逻辑操作示例。

程序如下：

```
≫a = [1 2 3 4 5]
≫b = [3 4 5 6 7]
≫t1 = [0 0 0 1 1]
≫t2 = ∼(t1)              %取 t1 的"非"(0 变为 1,1 变为 0)
≫t3 = (a>1)&(b<6)        %当 a>1 和 b<6 同时成立时赋值
```

输出结果为：

```
t2 =
    1 1 1 0 0
t3 =
    0 1 1 0 0
```

第 4 章　基于卡尔曼滤波方法的 SLAM 方法

4.1　卡尔曼滤波理论

卡尔曼滤波[54]（Kalman Filter，KF）最早由匈牙利数学家 R. E. Kalman 于 1960 年提出，该方法能够实现从一系列不完全以及包含噪声的观测量中，估计出动态系统的状态，是一种最优线性递推估计方法。卡尔曼滤波以估计误差方差最小为准则，分别利用状态以及观测方程对系统的运动模型和观测模型予以描述。其将系统的观测量作为滤波器输入，将系统的状态量作为滤波器输出；输入与输出之间的关系由时间更新和观测更新描述，根据系统状态方程和观测方程估计出所需处理的信号[55-56]。

卡尔曼滤波方法的出现能够很好地解决线性离散时间系统的状态估计问题。假定系统的运动以及观测方程全部表现为线性的，系统中的噪声服从均值为 0 的高斯分布，则可将此系统看作线性高斯系统。

考虑如下的线性离散系统：

$$X_k = \Phi_k X_{k-1} + \Gamma_k u_{k-1} + w_k \tag{4-1}$$

$$Z_k = H_k X_k + v_k \tag{4-2}$$

式中，X_k 为系统的状态向量；Φ_k 为系统的状态转移矩阵；Z_k 为系统的观测向量；Γ_k 为系统的控制输入矩阵；u_{k-1} 为系统的控制输入；H_k 为系统的观测矩阵。而 w_k 与 v_k 分别为系统的过程噪声以及观测噪声（假定噪声均为高斯白噪声），满足如下条件：

$$E[w_k] = 0, \text{cov}[w_k, w_j] = E[w_k w_j^{\mathrm{T}}] = Q_k \delta_{kj}$$

$$E[v_k] = 0, \text{cov}[v_k, v_j] = E[v_k v_j^{\mathrm{T}}] = R_k \delta_{kj} \tag{4-3}$$

$$\text{cov}[w_k, v_i] = E[w_k v_i^{\mathrm{T}}] = 0$$

其中，δ 为狄拉克（Dirac）函数；Q_k 与 R_k 分别对应系统的过程噪声 w_k 和观测噪声 v_k 的协方差矩阵，实际中，Q 和 R 随时间及机器人的运动而变化，但为了方便理论分析，通常假定其恒定不变。

KF 方法估计过程的实现主要包括:时间更新阶段和观测更新阶段。在时间更新阶段,滤波器根据前一时刻所得到的估计状态以及控制输入预测当前时刻的状态。在观测更新阶段,滤波器根据当前时刻获得的观测值对时间更新阶段得到的预测值进行校正,从而获得更精确的状态估计值。具体步骤如下:

① 时间更新:指系统根据上一时刻($k-1$ 时刻)的状态估计值 $\hat{X}_{k-1}$ 以及协方差矩阵 P_{k-1} 预测当前时刻(k 时刻)的先验状态估计值及协方差矩阵,表示为:

$$\hat{X}_{k|k-1} = \Phi_k \hat{X}_{k-1} + \Gamma_k u_{k-1}$$
$$P_{k|k-1} = \Phi_k P_{k-1} \Phi_k^{\mathrm{T}} + Q_k \tag{4-4}$$

② 卡尔曼增益 K 的计算:

$$K_k = P_{k|k-1} H_k^{\mathrm{T}} (H_k P_{k|k-1} H_k^{\mathrm{T}} + R_k)^{-1} \tag{4-5}$$

③ 观测更新:利用观测获得的信息 Z_k 对当前时刻先验状态估计 $\hat{X}_{k|k-1}$ 以及协方差矩阵 $P_{k|k-1}$ 进行校正,以得到更精确的后验状态估计以及后验协方差矩阵:

$$\hat{X}_k = \hat{X}_{k|k-1} + K_k (Z_k - H_k \hat{X}_{k|k-1})$$
$$P_k = (I - K_k H_k) P_{k|k-1} \tag{4-6}$$

根据传感器的观测值可确定初始状态 X_0 的估计值 $\hat{X}_0$ 及其协方差矩阵 P_0,并且在已知各时刻噪声协方差矩阵 R_k、Q_k 以及状态转移矩阵 Φ_k、输入控制矩阵 Γ_k、过程噪声分布矩阵 G_k、量测矩阵 H_k 的情况下,便可顺利进行卡尔曼滤波,其滤波流程图如图 4-1 所示。

卡尔曼滤波的基本思想与舰船组合导航人员作业中对船位推算(如图 4-2 所示)的逻辑思维方法是吻合的。基本思想都可以归结为"预测+校正",其过程可以直观地解释为:每隔一个滤波周期,通过量测传感器得到量测船位 C,同时经过状态转移得到预测船位 B,在量测船位和预测船位之间根据增益 K_k 进行折中,从而获得最佳估计船位 D,依此过程不断循环下去。

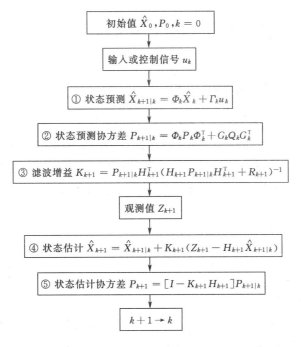

图 4-1 卡尔曼滤波流程图

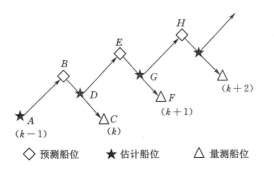

图 4-2 航海作业示意图

4.2 基于扩展卡尔曼滤波的 SLAM 方法

4.2.1 扩展卡尔曼滤波理论

在 SLAM 问题的处理中采用扩展卡尔曼滤波[44,57-61]处理方法,主要思想是将非线性系统中的状态以及观测方程进行泰勒级数展开,同时进行一阶线性化截断,忽略二阶及二阶以上高阶项,从而得到非线性系统近似为线性化的模型,再通过常规的卡尔曼滤波方法实现对系统状态的递推估计。考虑非线性离散随机系统模型如下:

$$X_k = f(X_k, u_k) + w_k$$
$$Z_k = h(X_k) + v_k$$
(4-7)

其中,各参数的物理意义同 2.2.1 节。EKF-SLAM 方法具体的实现过程如下。

(1)预测过程

系统的状态向量包括机器人的位置、方向角度以及已观测到的特征位置,若机器人所观测到的环境特征数量为 n_l,则系统的状态量可以写作:

$$X = \begin{bmatrix} x_R & y_R & \theta_R & x_{l1} & y_{l1} & \cdots & x_{ln_l} & y_{ln_l} \end{bmatrix}^T$$

考虑到所应用的环境地图是静态的,路标的位置恒定不变,因此第 i 个环境特征的动态模型为:

$$X_{l,k} = X_{l,k-1}$$
(4-8)

基于第 2 章所给出的移动机器人运动模型,系统状态方程可以写成:

$$\hat{X}_{k|k-1} = f(X_{k-1}) = \begin{bmatrix} x_{k-1} + \Delta s \sin(\theta_{k-1}) \\ y_{k-1} + \Delta s \cos(\theta_{k-1}) \\ \theta_{k-1} + \Delta \theta \\ x_{l1,k-1} \\ y_{l1,k-1} \\ \vdots \\ x_{ln_l,k-1} \\ y_{ln_l,k-1} \end{bmatrix}$$
(4-9)

式中,Δs 表示每一采样时间间隔内机器人移动的距离。

已知在 $k-1$ 时刻系统状态向量为 $\hat{X}_{k-1}$,相应的协方差矩阵为 P_{k-1},为便

于清楚分析,把 P_{k-1} 表示成如下分块矩阵的形式:

$$P_{k-1} = \begin{bmatrix} P_{vv} & P_{vl} \\ P_{vl}^{\mathrm{T}} & P_{ll} \end{bmatrix} \tag{4-10}$$

式中,P_{vv} 是 3×3 阶矩阵,表示机器人位姿的自协方差矩阵,用于描述对机器人状态估计的精确性;P_{vl} 是 $3\times n$ 阶矩阵,表示机器人的位姿和环境特征间的相互协方差矩阵,用于描述机器人状态和环境地图的相关程度;P_{ll} 是 $n\times n$ 阶矩阵,表示环境特征的自协方差矩阵,用于描述对环境地图估计的精确性。对运动模型的非线性函数 $f(\cdot)$ 在状态估计值 $\hat{X}_{k-1}$ 处进行泰勒级数一阶展开,以实现线性化的处理,得到系统的状态预测均值 $\hat{X}_{k|k-1}$ 和协方差 $P_{k|k-1}$:

$$\hat{X}_{k|k-1} = E[f(X_{k-1}, u_k)] = \begin{bmatrix} f_v(\hat{X}_{k-1}^{v}, u_k) \\ \hat{X}_{k-1}^{l} \end{bmatrix} \tag{4-11}$$

$$\begin{aligned} P_{k|k-1} &= E[(X_k - \hat{X}_{k|k-1})(X - \hat{X}_{k|k-1})^{\mathrm{T}}] \\ &= \nabla f_x \cdot P_{k-1} \cdot \nabla f_x^{\mathrm{T}} + \nabla f_u \cdot Q_k \cdot \nabla f_u^{\mathrm{T}} \\ &= \begin{bmatrix} \nabla f_{vx} \cdot P_{vv} \cdot \nabla f_{vx}^{\mathrm{T}} + \nabla f_{vu} \cdot Q_k \cdot \nabla f_{vu}^{\mathrm{T}} & \nabla f_{vx} \cdot P_{vl} \\ (\nabla f_{vx} \cdot P_{vl})^{\mathrm{T}} & P_{ll} \end{bmatrix} \end{aligned}$$

$$\tag{4-12}$$

式中,

$$\nabla f_x = \frac{\partial f}{\partial X}\Big|_{(\hat{x}_{k-1}, u_k)} = \begin{bmatrix} \nabla f_{vx} & 0_{n_v \times n_l} \\ 0_{n_l \times n_v} & I_{n_l \times n_l} \end{bmatrix}, \nabla f_u = \frac{\partial f}{\partial u}\Big|_{(\hat{x}_{k-1}, u_k)} = \begin{bmatrix} \nabla f_{vu} \\ 0_{n_l \times n_N} \end{bmatrix}$$

$$\nabla f_{vx} = \frac{\partial f_v}{\partial X^v}\Big|_{(\hat{x}_{k-1}^{v}, u_k)}, \nabla f_{vu} = \frac{\partial f_v}{\partial u}\Big|_{(\hat{x}_{k-1}^{v}, u_k)}$$

式中,∇f_x 与 ∇f_u 分别表示状态转移函数 $f(\cdot)$ 相对状态 X 和控制输入 u 的雅可比矩阵,n_v 以及 n_l 分别对应机器人位姿 X_k^v、控制输入 u_k 与环境特征 X_k^l 的维数,∇f_{vx} 与 ∇f_{vu} 分别表示 $f_v(\cdot)$ 相对 X^v 与 u 的雅可比矩阵,这是 EKF-SLAM 实现对非线性系统线性化的第一个关键步骤。

（2）更新过程

在获得最新观测值之后,利用其与观测估计的差值更新校正预测的先验估计值,从而求得系统的状态估计均值 $\hat{X}_k$ 与估计协方差 P_k:

$$\hat{X}_k = \hat{X}_{k|k-1} + K_k(Z_k - h(\hat{X}_{k|k-1}))$$

$$\tag{4-13}$$

$$P_k = (I - K_k)P_{k|k-1}$$

式中：

$$K_k = P_{k|k-1} H_k^{\mathrm{T}} S_k^{-1}$$

$$S_k = H_k P_{k|k-1} H_k^{\mathrm{T}} + R_k$$

$$H_k = \frac{\partial h}{\partial X}\big|_{(\hat{x}_{k|k-1})} = \begin{bmatrix} \nabla h_{v,k} & 0 & \cdots & 0 & \nabla h_{l,k} & 0 & \cdots \end{bmatrix}$$

式中：

$$\nabla h_{v,k} = \begin{bmatrix} \dfrac{\Delta x}{\Delta} & \dfrac{\Delta y}{\Delta} & 0 \\[2mm] -\dfrac{\Delta y}{\Delta^2} & \dfrac{\Delta x}{\Delta^2} & -1 \end{bmatrix}, \nabla h_{l,k} = \begin{bmatrix} -\dfrac{\Delta x}{\Delta^2} & -\dfrac{\Delta y}{\Delta^2} \\[2mm] -\dfrac{\Delta x}{\Delta^2} & -\dfrac{\Delta y}{\Delta^2} \end{bmatrix}$$

式中，Δx 和 Δy 分别为移动机器人距离某一环境特征点的水平距离和竖直距离；Δ 为二者的相对距离；K_k 表示卡尔曼增益；S_k 为信息方差；H_k 为观测方程 $h(\cdot)$ 相对于 X 的雅可比矩阵，这是 EKF-SLAM 对非线性系统实现线性化的第二个关键步骤。

（3）地图增广

在 k 时刻观测到的环境信息中，既包括对已知环境特征重复的观测信息，又包括对新环境特征的观测信息。当观测到的特征和任何已知的环境特征信息都不匹配时，则表明该特征为新特征。已知的环境特征用于更新预测值，新特征则需要对其初始化并将其加入状态估计向量中，从而实现增量式的地图扩增。假设 k 时刻的状态和协方差分别为：

$$\hat{X}_k = \begin{bmatrix} \hat{X}_k^v \\ \hat{X}_k^l \end{bmatrix} \tag{4-14}$$

$$P_k = E[(X_k - \hat{X}_k)(X_k - \hat{X}_k)^{\mathrm{T}}] = \begin{bmatrix} P_{vv} & P_{vl} \\ (P_{vl})^{\mathrm{T}} & P_{ll} \end{bmatrix} \tag{4-15}$$

对新的环境特征 l_{new} 进行初始化：

$$l_{\text{new}} = g(X_k^v, Z_k) \tag{4-16}$$

其中，非线性函数 $g(\cdot)$ 可通过系统的观测方程推导得到。

把新环境特征扩增到更新之后的系统状态向量中：

$$X^a = \begin{bmatrix} X_k \\ l_{\text{new}} \end{bmatrix} = \begin{bmatrix} X_k^v \\ X_k^l \\ l_{\text{new}} \end{bmatrix} \tag{4-17}$$

$$P^a = \begin{bmatrix} P_{vv} & P_{vl} & (\nabla g_x \cdot P_{vv})^T \\ (P_{vl})^T & P_{ll} & (\nabla g_x \cdot P_{vm})^T \\ \nabla g_x \cdot P_{vv} & \nabla g_x \cdot P_{vl} & \nabla g_x \cdot P_{vv} \cdot (\nabla g_x)^T + \nabla g_z \cdot R \cdot (\nabla g_z)^T \end{bmatrix}$$

$$(4\text{-}18)$$

式中：

$$\nabla g_x = \frac{\partial g}{\partial X^v}\Big|_{(\hat{x}_k^v, z_k)}, \nabla g_z = \frac{\partial g}{\partial Z}\Big|_{(\hat{x}_k^v, z_k)}$$

∇g_x 与 ∇g_z 分别对应非线性函数 $g(\cdot)$ 相对于 X^v 与 Z 的雅可比矩阵。

　　基于扩展卡尔曼滤波的 SLAM 方法可以归纳成一个循环迭代的"估计－校正"过程：① 由前一时刻机器人的位姿预测当前时刻的位姿,同时对可能观测到的环境特征进行预测；② 特征匹配,通过计算实际观测量和估计观测量之间的误差,结合系统的协方差矩阵计算卡尔曼滤波增益 K,利用 K 值实现对机器人当前时刻的预测位姿的校正；③ 将新观测到的环境特征加入地图,用以实现地图的扩增。流程图如图 4-3 所示。

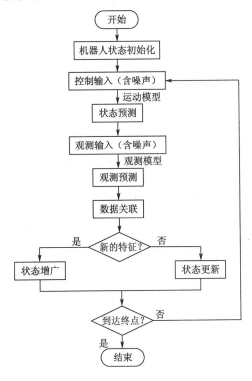

图 4-3　扩展卡尔曼滤波 SLAM 方法

4.2.2　EKF-SLAM 程序仿真

　　本文的仿真实验均在 MATLAB R2010b 上执行,实验计算机基本配置为 1.7 GHz 的 i5 处理器和 4 GB 内存。基于第二章所建立的相关的模型,利用设计的仿真环境完成仿真实验,具体的仿真环境设置如下:实验地图为 250 m×200 m 大小的方形环境,在该环境范围内,预先设定了 135 个路标特征点和 17 个路径点构成了实验所需的随机地图。其中,环境中的路标分布是不规则的,且假定环境特征是静止的。图 4-4 是基于特征点的仿真环境,图中"＊"为实际的路标。这些路标都是静态路标。"."为机器人在运动中实际的路径点。机器人从第一个路径点(0,0)开始以逆时针方向沿着路径点确定的轨迹运行。

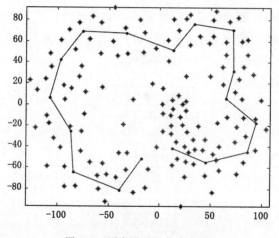

图 4-4　预先设置的仿真环境

　　在机器人运动的过程中,需要对机器人相关参数进行设置,包括:运动速度为 3 m/s,最大转角为 $30\pi/180$,控制信号时间间隔为 0.025 s,速度噪声为 0.1 m/s,角速度噪声为 0.2°/s 等。在利用传感器感知周围环境过程中,同样需要对相关参数进行设置,包括:传感器所能检测到的最远距离为 30 m,观测的间隔时间为 0.2 s,观测距离噪声为 0.1 m,观测角度噪声 $\pi/180$ 等。具体的参数设置如表 4-1 所示。

表 4-1　仿真参数设置

传感器与约束	仿真物理参数	参数取值
运动约束	平均速度	3 m/s
	最大转向角	30°
	最大转向角速率	20 °/s
速度编码器	测量频率	40 Hz
	测量噪声均方差	0.3 m/s
角度编码器	测量频率	40 Hz
	测量噪声均方差	3°
激光扫描仪	测量频率	5 Hz
	最大测量距离	30 m
	测距噪声均方差	0.1 m
	扫描角范围	0°～180°
	扫描角噪声均方差	1°

图 4-5(a)和(b)分别为根据 EKF-SLAM 方法所得的仿真结果图以及定位误差图。其中,长虚线表示机器人的期望路径,短虚线表示 EKF-SLAM 的估计路径,"o"代表 EKF-SLAM 的估计路标。

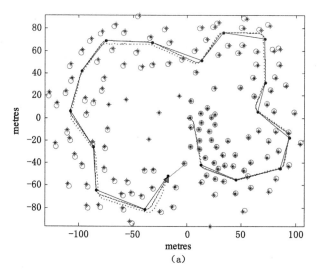

图 4-5　EKF-SLAM 仿真图

(a) SLAM 仿真结果;(b) 定位误差

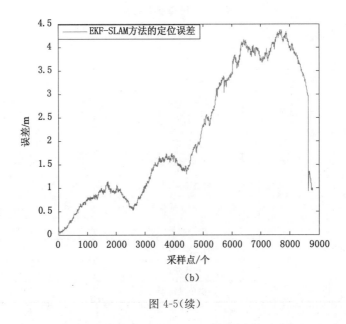

图 4-5(续)

从图 4-5 图(a)中可以看出,由于 EKF-SLAM 方法存在线性化误差,无论是对路径的估计,还是对路标的估计,都存在一定的偏差。其中,图中有 6 个单独十字形特征点是因传感器测量范围限制,未能观测到的特征点。由图(b)可以看出定位误差在一定的范围内存在随机性变动。在初始位置附近位置误差几乎接近于零,随着机器人的不断运动,机器人的位置误差不断地积累。在机器人的采样点约为 8 500 左右时,出现定位估计误差的下降趋势特别明显,这是由于在机器人的运动路径中,其在第 8 500 个采样点附近时,移动机器人回到"熟悉区域",可以观测到由初始位置所测得的环境特征点,该特征方差非常小,即不确定性小,因此无论是对机器人,还是特征的估计误差会突然减小。

4.3 基于无迹卡尔曼滤波的 SLAM 方法

4.3.1 无迹卡尔曼理论

无迹卡尔曼滤波[62](Unscented Kalman Filter,UKF)最早由 Julier 和 Uhlman 等人提出,该方法是在卡尔曼滤波框架的基础上处理非线性高斯系统

的 另 一 种 滤 波 方 法[63]。UKF 的 理 论 基 础 是 无 迹 变 换（Unscented Transformation，UT），利用 UT 变换思想选取确定性 Sigma 点以重构统计特性（均值和协方差），对非线性函数的概率密度分布实现近似，以完成非线性模型的线性化，UT 变换如图 4-6 所示。

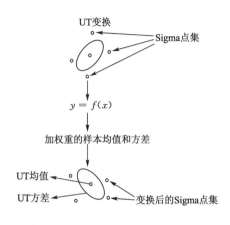

图 4-6　UT 变换

UT 变换的具体过程如下：

① 根据已知的初始概率分布，利用确定性采样策略，得到 $2n+1$ 个 Sigma 点，用以近似初始概率分布；

② 将所有的 Sigma 点分别由非线性函数进行非线性变换处理，从而得到变换后的 Sigma 点；

③ 根据变换后的 Sigma 点估计新的概率分布参数。

UKF 方法利用 UT 变换取代 EKF-SLAM 中应用泰勒级数一阶展开的非线性方程的近似过程。首先选用一组能表征系统状态向量统计特性的点（Sigma 点），然后将 Sigma 点代入系统模型的非线性函数中重构新的统计特性（均值和方差），最后将重构得到的均值、估计方差和观测方差引入到卡尔曼滤波中。在 UKF-SLAM 的实现过程中需要将噪声项扩维到状态向量中，这是因为在估计的过程中充分考虑系统噪声的影响能够在一定程度上提高估计的精度，对状态向量的增广表示如下：

$$X_{k-1}^{aug} = \begin{bmatrix} X_{k-1}^{\mathrm{T}} & w_{k-1}^{\mathrm{T}} & v_{k-1}^{\mathrm{T}} \end{bmatrix}^{\mathrm{T}} \tag{4-19}$$

UKF-SLAM 具体的实现过程如下：

① 初始化状态的统计特性,包括机器人系统的状态向量 $\hat{X}_0$ 以及协方差矩阵 P_{X_0}。

$$\hat{X}_0 = E[X_0], P_{X_0} = [(X_0 - \hat{X}_0)(X_0 - \hat{X}_0)^T] \tag{4-20}$$

$$\hat{X}_0^a = E[X_0^a] = [\hat{X}_0^T \quad w_0^T \quad v_0^T]^T \tag{4-21}$$

$$P_0^a = E[(X_0^a - \overline{X}_0^a)(X_0^a - \overline{X}_0^a)^T] = \begin{bmatrix} P_{X_0} & 0 & 0 \\ 0 & Q & 0 \\ 0 & 0 & R \end{bmatrix} \tag{4-22}$$

② 状态预测过程。

根据随机向量 X 的均值 $\hat{X}_{k-1}$ 和方差 P_{k-1},采用对称采样策略构造一组关于 $\hat{X}_{k-1}$ 对称且位于其附近的离散 Sigma 点。再根据移动机器人的非线性运动学模型,对每一个采样点进行非线性变换,并计算变换后采样点的均值和方差,即系统状态向量的一步预测值 $\hat{X}_{k|k-1}$ 和一步预测协方差矩阵 $P_{k|k-1}$:

$$\chi_{0,k-1}^{aug} = \hat{X}_{k-1}^{aug}$$

$$\chi_{i,k-1}^{aug} = \hat{X}_{k-1}^{aug} + (\sqrt{(n+\lambda)P_{k-1}^{aug}})_i, i = 1,2,\cdots,n \tag{4-23}$$

$$\chi_{i,k-1}^{aug} = \hat{X}_{k-1}^{aug} - (\sqrt{(n+\lambda)P_{k-1}^{aug}})_{i-n}, i = n+1, n+2, \cdots, 2n$$

$$\chi_{i,k|k-1}^{aug} = f(\chi_{i,k-1}^{aug}), i = 0,1,\cdots,2n \tag{4-24}$$

$$\hat{X}_{k|k-1} = \sum_{i=0}^{2n} \omega_i^m \chi_{i,k|k-1}^{aug} \tag{4-25}$$

$$P_{k|k-1} = \sum_{i=0}^{2n} \omega_i^c [\chi_{i,k|k-1}^{aug} - \hat{X}_{k|k-1}][\chi_{i,k|k-1}^{aug} - \hat{X}_{k|k-1}]^T \tag{4-26}$$

式中,参数计算如下:

$$\begin{cases} \omega_0^m = \dfrac{\lambda}{n+\lambda} \\[2mm] \omega_0^c = \dfrac{\lambda}{n+\lambda} + (1 - \alpha^2 + \beta) \\[2mm] \omega_i^m = \omega_i^c = \dfrac{1}{2(n+\lambda)}, i = 1,2,\cdots,2n \end{cases} \tag{4-27}$$

$$\lambda = \alpha^2(n+\kappa) - n \tag{4-28}$$

式中,$\chi_{i,k-1}^{aug}$ 表示在状态向量均值附近的第 i 个采样点;$(\sqrt{(n+\lambda)P_{k-1}^{aug}})_i$ 为矩阵 $\sqrt{(n+\lambda)P_{k-1}^{aug}}$ 的第 i 列;λ 是复合尺度参数;n 表示增广状态矩阵的维数;α 是用于决定先验均值附近 Sigma 点分布广度的主要尺度因子,通常设为一个较小的正数,取值范围为 $10^{-3} \leqslant \alpha \leqslant 1$,$\beta$ 为用于计算后验协方差的零阶 Sigma 点权值的第二尺度因子(β 可以利用已知时刻的先验随机变量以实现对特定的高阶误差项的最小化,对于高斯先验分布的情形,$\beta=2$ 最优)[64];κ 是第三尺度因子,一般选取 $\kappa=3-n$,以保证 $(n+\lambda)P_{k-1}^{aug}$ 矩阵为半正定,适当调整 α 和 κ 能有效地提高估计精度。ω_i^m 表示均值权重,ω_i^c 表示协方差权重。

③ 观测预测过程。

将 $k-1$ 时刻由系统的状态以及协方差计算得到的 Sigma 点通过非线性观测函数 $h(\cdot)$ 传递,从而得到观测预测值如下:

$$Z_{i,k|k-1} = h(\chi_{i,k|k-1}^{aug}) \tag{4-29}$$

$$\hat{Z}_{k|k-1} = \sum_{i=0}^{2n} \omega_i^m Z_{i,k|k-1} \tag{4-30}$$

④ 状态更新过程。

对当前传感器观测到的环境特征与已观测到的特征进行特征匹配以获得更新的系统状态 $\hat{X}_k$ 和协方差矩阵 P_k:

$$P_{ZZ} = \sum_{i=0}^{2n} \omega_i^c [Z_{i,k|k-1} - \hat{Z}_{k|k-1}][Z_{i,k|k-1} - \hat{Z}_{k|k-1}]^{\mathrm{T}} \tag{4-31}$$

$$P_{XZ} = \sum_{i=0}^{2n} \omega_i^c [\chi_{i,k|k-1}^{aug} - \hat{X}_{k|k-1}][Z_{i,k|k-1} - \hat{Z}_{k|k-1}]^{\mathrm{T}} \tag{4-32}$$

$$K_k = P_{XZ} P_{ZZ}^{-1} \tag{4-33}$$

$$\hat{X}_k = \hat{X}_{k|k-1} + K_k(Z_k - \hat{Z}_{k|k-1}) \tag{4-34}$$

$$P_k = P_{k|k-1} - K_k P_{ZZ} K_k^{\mathrm{T}} \tag{4-35}$$

⑤ 状态增广和地图更新。

状态增广和 EKF-SLAM 相同,但地图更新存在一定差异,区别在于 UKF-SLAM 把新的环境特征增广到系统的状态向量中后,需要根据公式(4-23)在 X^{aug} 周围进行 Sigma 点的采样,进而通过非线性函数 $g(\cdot)$ 实现 UT 变换,再利用公式(4-25)~(4-26)获得更新的状态 $\hat{X}_k$ 和协方差 P_k。

4.3.2　UKF-SLAM 程序仿真

仿真环境以及参数的设置与 EKF-SLAM 相同。图 4-7(a)和(b)分别为根据 UKF-SLAM 方法所得的仿真结果图以及定位误差图。其中,黑色长虚线表示机器人的实际路径,浅蓝色短虚线表示 UKF-SLAM 的估计路径,浅蓝色"正方形"代表 UKF-SLAM 的估计路标。

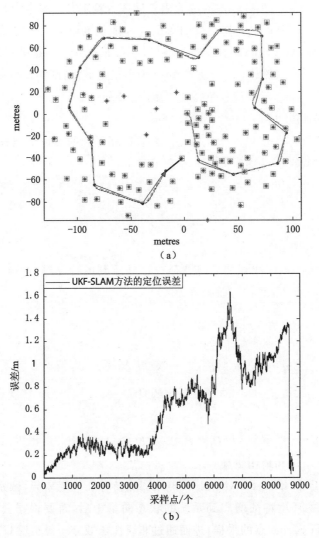

（a）

（b）

图 4-7　UKF-SLAM 仿真图

（a）SLAM 仿真结果；（b）定位误差

　　从图 4-7（a）中可以看出，无论是对路径的估计，还是对路标的估计，从视觉上看，与实际的路标与路径都相差无几，可见应用 UKF 实现定位与建图过程较精确。同样，考虑到传感器测量距离的影响，在仿真环境中会有 6 个环境特征点未被检测到。由于地图特征与机器人位姿的相互关联性，因此机器人的位姿与地图特征的误差变化基本上相同。图（b）描述的是在机器人运动过程中根据

UKF 进行定位的误差的曲线图,可以清晰地看出,在噪声存在的情况下,移动机器人运动定位最大误差不超过 2 m,表明该定位精度较高,具有较高的可靠性。

4.3.3　仿真结果对比及分析

为了更清晰地验证 EKF-SLAM 与 UKF-SLAM 方法有效性和性能的优越性,本文选择将两种方法在 MATLAB 2010 平台下,利用 GUI 界面设计了移动机器人的定位与建图的仿真平台。GUI 界面即图形用户界面(Graphical User Interfaces,GUI)是由窗口、菜单、按键以及文字等对象构成的用户界面。可以通过对界面中的所设置的按钮选择并激活某些图形界面(见图 4-8)。其中,按键"COMPARISON1"表示对 EKF-SLAM 以及 UKF-SLAM 两种方法的仿真对比。基于第 2 章所建立的相关的系统模型,利用预先设置的仿真参数以及环境完成仿真对比实验。

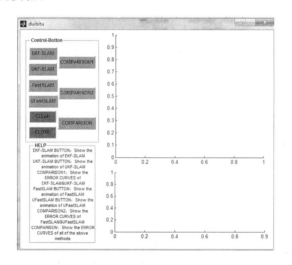

图 4-8　GUI 界面设置

图 4-9 为针对非线性高斯模型来说,在 GUI 界面上得到的两种方法实现定位与构图的仿真对比结果。其中,短虚线代表由 EKF-SLAM 方法得到的机器人的估计路径;长虚线代表由 UKF-SLAM 方法得到的机器人的估计路径;"o"代表 EKF-SLAM 方法的估计路标,"正方形"代表 UKF-SLAM 方法的估计路标。通过仿真实验可以看出,利用两种方法均能实现对周围环境路标位置的感知及移动机器人位置的跟踪,但 UKF-SLAM 方法相对更精确些。

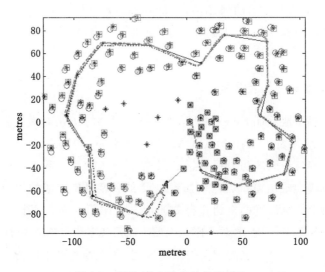

图 4-9　两种 SLAM 方法仿真对比

图 4-10 为两种方法的定位误差对比图,可以更清晰地看出:UKF-SLAM 方法相比 EKF-SLAM 方法在仿真结果中的误差更小,可以实现更准确的定位。

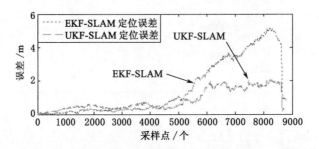

图 4-10　两种方法定位误差对比

这是由于 EKF-SLAM 只可以精确到泰勒展开式的一阶项,而 UKF-SLAM 方法利用 UT 变换,用确定性采样的方式选取 $2n+1$ 个 Sigma 点(n 是状态向量的维数)以近似表征后验分布的均值和方差,不需要求解雅可比矩阵,精度至少可以达到二阶,实现了对移动机器人位姿以及环境特征位置的估计精度的提高。综上所述,UKF-SLAM 方法在性能上要更优于 EKF-SLAM。

第 5 章　基于能观测性的
EKF-SLAM 收敛性与一致性研究

5.1　EKF-SLAM 系统的收敛性及一致性研究

5.1.1　EKF-SLAM 算法

以下通过不同的公式表达式重述 EKF-SLAM 算法,简洁明了地证明结论。

(1) 二维 EKF-SLAM 的状态变量

状态变量定义为:

$$X = (\phi, X_r, X_1, \cdots, X_N) \tag{5-1}$$

ϕ 是机器人方向,$X_r = (x_r, y_r)$ 是机器人的位置,$X_1 = (x_1, y_1)$,$\cdots X_N = (x_N, y_N)$ 分别是 N 个点地标特征的位置。由于机器人的方向 ϕ 在收敛性和一致性分析上具有重要作用,因此,将其与机器人的位置分开标注。

(2) 预测

① 过程模型:本章中机器人的过程模型如下所示:

$$\begin{bmatrix} \phi(k+1) \\ x_r(k+1) \\ y_r(k+1) \end{bmatrix} = \begin{bmatrix} \phi(k) + f_\phi(\gamma(k), v(k), \delta\gamma, \delta v) \\ x_r(k) + (v(k) + \delta v)T\cos[\phi(k)] \\ y_r(k) + (v(k) + \delta v)T\sin[\phi(k)] \end{bmatrix}$$

简写为:

$$\begin{bmatrix} \phi(k+1) \\ X_r(k+1) \end{bmatrix} = f(\phi(k), X_r(k), \gamma(k), v(k), \delta\gamma, \delta v) \tag{5-2}$$

v, r 是控制输入,$\delta\gamma, \delta v$ 是关于 v, r 的零均值高斯噪声。T 是每移动一步的时间间隔,函数 f_ϕ 的显示公式依据于特殊机器人,基本模型的两个例子如下:

【例 5-1】　简单的离散时间机器人运动模型:

$$\phi(k+1)=\phi(k)+(\gamma(k)+\delta\gamma)T$$
$$x_r(k+1)=x_r(k)+(v(k)+\delta v)T\cos[\phi(k)] \tag{5-3}$$
$$y_r(k+1)=y_r(k)+(v(k)+\delta v)T\sin[\phi(k)]$$

公式(5-3)可以由独轮车模型离散化获得。

$$\dot{\phi}=\gamma$$
$$\dot{x}_r=v\cos\phi \tag{5-4}$$
$$\dot{y}_r=v\sin\phi$$

其中,v 是速率和 γ 是转率。

【例 5-2】 汽车运动模型:

$$\phi(k+1)=\phi(k)+\frac{(v(k)+\delta v)T\tan(\gamma(k)+\delta\gamma)}{L}$$
$$x_\gamma(k+1)=x_\gamma(k)+(v(k)+\delta v)T\cos[\phi(k)] \tag{5-5}$$
$$y_\gamma(k+1)=y_\gamma(k)+(v(k)+\delta v)T\sin[\phi(k)]$$

其中,v 是速率和转向角;γ 是小车的轮距。

地标的运动模型为:

$$X_i(k+1)=X_i(k),i=1,\cdots,N \tag{5-6}$$

整个系统的运动模型为:

$$X(k+1)=F(X(k),\gamma(k),v(k),\delta\gamma,\delta v) \tag{5-7}$$

F 是公式(5-2)和公式(5-6)的结合。

② 预测:假定在 k 时刻,状态变量的最优估计值为:

$$\hat{X}(k|k)=(\hat{\phi}(k),\hat{X}_r(k),\hat{X}_1,\cdots,\hat{X}_N)$$

估计误差的协方差矩阵为 $P(k|k)$,预测步骤如下:

$$\hat{X}(k+1|k)=F(\hat{X}(k|k),\gamma(k),v(k),0,0)$$
$$P(k+1|k)=\nabla F_{\phi X_\gamma X}P(k|k)\nabla F_{\phi X_\gamma X}^{\mathrm{T}}+\nabla F_w\Sigma\nabla F_w^{\mathrm{T}} \tag{5-8}$$

Σ 是控制噪声 $(\delta\gamma,\delta v)$ 的协方差矩阵,$\nabla F_{\phi X_\gamma X}$,$\nabla F_w$ 的表达式为:

$$\nabla F_{\phi X_\gamma X}=\begin{bmatrix} f_{\phi X_\gamma} & 0 \\ 0 & I \end{bmatrix},\nabla F_w=\begin{bmatrix} \nabla f_w \\ 0 \end{bmatrix} \tag{5-9}$$

$f_{\phi X_\gamma}$,∇f_w 分别是在当前估计值 $\hat{X}(k|k)$ 处计算的关于机器人位姿 (ϕ,X_r) 及控制噪声 $(\delta\gamma,\delta v)$ 的雅可比矩阵。

对于公式(5-2)描述的系统,关于机器人位姿的雅可比矩阵为:

$$\nabla f_{\phi X_{\gamma}} = \begin{bmatrix} 1 & 0 & 0 \\ -\upsilon T\sin\phi & 1 & 0 \\ \upsilon T\cos\phi & 0 & 1 \end{bmatrix} \qquad (5-10)$$

依据于公式(5-2)中函数 f_{ϕ} 的显示公式获得关于控制的雅可比矩阵，$\nabla f_{\gamma v}$。

（2）更新

① 测量模型：在 $k+1$ 时刻，由机器人上的传感器获得第 i 个地标的测量值，包含测距 γ_i 和转向角 θ_i：

$$\gamma_i = \sqrt{(y_i - y_{\gamma}(k+1)^2 + (x_i - x_{\gamma}(k+1))^2)} + w_{\gamma_i}$$

$$\theta_i = \arctan\left(\frac{y_i - y_{\gamma}(k+1)}{x_i - x_r(k+1)}\right) - \phi(k+1) + w_{\theta_i} \qquad (5-11)$$

其中，w_{γ_i} 和 w_{θ_i} 是测量噪声。

观测模型可写为如下格式：

$$z_i(k+1) = \begin{bmatrix} \gamma_i \\ \theta_i \end{bmatrix} = H_i(X(k+1)) + w_{r_i\theta_i} \qquad (5-12)$$

假定噪声 $w_{r_i\theta_i}$ 为零均值高斯白噪声，噪声的协方差矩阵为 $R_{r_i\theta_i}$。

② 更新：依据公式(5-12)，更新协方差矩阵的方程式如下：

$$\Omega(k+1\,|\,k) = P(k+1\,|\,k)^{-1}$$

$$\Omega(k+1\,|\,k+1) = \Omega(k+1\,|\,k) + \Omega_{new} \qquad (5-13)$$

$$P(k+1\,|\,k+1) = \Omega(k+1\,|\,k+1)^{-1}$$

$\Omega(\cdot)$ 是信息矩阵，Ω_{new} 是从观测值获得的新息矩阵：

$$\Omega_{new} = \nabla H_i^{\mathrm{T}} R_{\gamma_i\theta_i}^{-1} \nabla H_i \qquad (5-14)$$

∇H_i 是在当前估计值 $\hat{X}(k+1\,|\,k)$ 处计算的关于函数 H_i 的雅可比矩阵。

状态变量的估计值采用如下公式更新：

$$\hat{X}(k+1\,|\,k+1) = \hat{X}(k+1\,|\,k) + W(k+1)\mu(k+1) \qquad (5-15)$$

其中：

$$\mu(k+1) = z_i(k+1) - H_i(\hat{X}(k+1\,|\,k))$$

$$W(k+1) = P(k+1\,|\,k)\nabla H_i^{\mathrm{T}} S^{-1}(k+1) \qquad (5-16)$$

$$S(k+1) = R_{r_i\theta_i} + \nabla H_i P(k+1\,|\,k)\nabla H_i^{\mathrm{T}} \qquad (5-17)$$

注意：使用公式(5-13)，(5-14)及矩阵求逆公式：

$$P(k+1\,|\,k+1) = P(k+1\,|\,k) - P(k+1\,|\,k)\nabla H_i^{\mathrm{T}}$$

$$* (R_{r_i\theta_i} + \nabla H_i P(k+1\,|\,k)\nabla H_i^{\mathrm{T}})^{-1} * \nabla H_i P(k+1\,|\,k) \qquad (5-18)$$

这是典型的 EKF 更新公式。

测量函数 H 的雅可比矩阵为：

$$\nabla H_i = \begin{bmatrix} 0 & -\dfrac{\mathrm{d}x}{\gamma} & -\dfrac{\mathrm{d}y}{\gamma} & \dfrac{\mathrm{d}x}{\gamma} & \dfrac{\mathrm{d}y}{\gamma} \\ -1 & \dfrac{\mathrm{d}y}{\gamma^2} & -\dfrac{\mathrm{d}x}{\gamma^2} & -\dfrac{\mathrm{d}y}{\gamma^2} & \dfrac{\mathrm{d}x}{\gamma^2} \end{bmatrix} \tag{5-19}$$

其中：

$$\mathrm{d}x = x_i - x_r(k+1)$$
$$\mathrm{d}y = y_i - y_r(k+1) \tag{5-20}$$
$$r = \sqrt{\mathrm{d}x^2 + \mathrm{d}y^2}$$

值得注意的是，当前雅可比矩阵中仅仅包含当前时刻观测到的地标，未被观测到的地标不显示。

5.1.2 EKF-SLAM 算法的收敛性研究

收敛性的定义：

设函数列 $\{f_n\}$ 与函数 f 都在数集 D 上有定义。对于任意给定的 $\varepsilon > 0$，存在 $N > 0$，使得 $n > N$ 时。对任何的 $x \in D$，都有 $|f_n(x) - f(x)| < \varepsilon$，则称 $\{f_n\}$ 在 D 上一致收敛于 f，记为 $f_n(x) \Rightarrow f(x)(n \to \infty) x \in D$。

参考文献[57]中定理 1 主要适用于一维线性 EKF-SLAM 系统，针对二维非线性 EKF-SLAM 系统，对定理 1 重新定义，如定理 5.1 所示，并对其进行了如下证明：

定理 5.1 伴随着传感器的连续观测，环境地图协方差矩阵的子矩阵行列式单调递减。

证明：首先采用半正定的状态协方差矩阵 $P(0|0)$ 对算法进行初始化。矩阵 Q 和 R 都是半正的，依据公式 $(5-16) \sim (5-18)$，$P(k+1|k)$，$S(k+1)W(k+1)S(k+1)W^{\mathrm{T}}(k+1)$，$P(k+1|k+1)$ 都是半正定的。对于任意的地标 i，可知：

$$\det P(k+1|k+1) = \det[P(k+1|k) - W(k+1)S(k+1)W^{\mathrm{T}}(k+1)]$$
$$\leqslant \det P(k+1|k) \tag{5-21}$$

由公式 $(5-21)$ 可知，协方差矩阵具有如下性质：

$$\det P_{mm}(k+1|k+1) \leqslant \det P_{mm}(k+1|k) \tag{5-22}$$

状态协方差的预测矩阵可以写为：

$$\begin{bmatrix} P_{vv}(k+1|k) & P_{vm}(k+1|k) \\ P_{vm}^{\mathrm{T}}(k+1|k) & P_{mm}(k+1|k) \end{bmatrix} = Y_1$$

$$Y_1 = \begin{bmatrix} F_v P_{vv}(k|k)F_v^{\mathrm{T}} + Q_{vv} & F_v P_{vm}(k|k) \\ P_{vm}^{\mathrm{T}}(k|k)F_v^{\mathrm{T}} & P_{mm}(k|k) \end{bmatrix} \tag{5-23}$$

假定地标位置固定,在预测地图中状态变量时,不引入过程噪声,地图的协方差矩阵以及地图协方差矩阵的任意主子矩阵均具有如下性质:

$$P_{mm}(k+1|k) = P_{mm}(k|k) \tag{5-24}$$

显而易见,这不是完整的协方差矩阵,在车辆定位预测过程中会引入过程噪声,随着预测步骤的进行,预测协方差矩阵会随之增加。

$$\det P_{mm}(k+1|k+1) \leqslant \det P_{mm}(k|k) \tag{5-25}$$

半正定矩阵的一般特性使得地图协方差矩阵的任意子矩阵不相等,对于协方差矩阵中的任意对角元素 σ_{ii}^2,有:

$$\sigma_{ii}^2(k+1|k+1) \leqslant \sigma_{ii}^2(k|k)$$

每一个地标的绝对位置的误差会减小,伴随着传感器的连续观测,环境地图协方差矩阵的子矩阵行列式单调递减,证毕。

对于二维非线性 EKF-SLAM,不能用具体的数学表达式通式来描述其协方差矩阵,因此,从如下两个基本条件进行分析:机器人固定并且多次观测新地标以及机器人移动但是仅仅观测同一地标。

假定机器人在位置点 A 处开始运动,通过协方差矩阵描述机器人位姿的初始不确定大小:

$$P_o = \begin{bmatrix} p_\phi & P_{xy\phi}^{\mathrm{T}} \\ P_{xy\phi} & P_{xy} \end{bmatrix} \tag{5-26}$$

其中,p_ϕ 是标量,P_{xy} 是 2×2 的矩阵。

初始新息矩阵表示为:

$$\Omega_o = P_o^{-1} = \begin{bmatrix} i_\phi & b^{\mathrm{T}} \\ b & \Omega_{xy} \end{bmatrix} \tag{5-27}$$

(1) 条件 1:机器人静止

机器人静止在位置点 A 处,并对地标进行 n 次观测:

① 观测单一地标:首先假定机器人能且只能观测一个新地标——地标 m,公式(5-19)中的雅可比矩阵在真实的地标位置 (x_m, y_m) 和真实的机器人位置 (x_A, y_A) 处获得,表示如下:

$$\nabla H_A = [-e, -A, A] \tag{5-28}$$

$$e = \begin{bmatrix} 0 \\ 1 \end{bmatrix}, A = \begin{bmatrix} \dfrac{\mathrm{d}x_A}{r_A} & \dfrac{\mathrm{d}y_A}{r_A} \\[2ex] -\dfrac{\mathrm{d}y_A}{r_A^2} & \dfrac{\mathrm{d}x_A}{r_A^2} \end{bmatrix} \tag{5-29}$$

$$\begin{aligned} \mathrm{d}x_A &= x_m - x_A \\ \mathrm{d}y_A &= y_m - y_A \\ r_A &= \sqrt{\mathrm{d}x_A^2 + \mathrm{d}y_A^2} \end{aligned} \tag{5-30}$$

为了方便起见,进一步表示为:

$$A_e = [A^{-1}e, I] \tag{5-31}$$

其中,I 是 2×2 的单位阵

定理 5-2 如果机器人是静止的,观测一个新地标 n 次,机器人位姿的协方差矩阵和新地标位置估计为:

$$P_{A_{end}}^n = \begin{bmatrix} P_o & P_o A_e^{\mathrm{T}} \\ A_e P_o & A_e P_o A_e^{\mathrm{T}} + \dfrac{A^{-1} R_A A^{-\mathrm{T}}}{n} \end{bmatrix} \tag{5-32}$$

P_o 是公式(5-26)中给出的初始机器人不确定性,A 定义在公式(5-29)中,A_e 定义在公式(5-31)中,R_A 是观测噪声的协方差矩阵,当 $n \to \infty$,协方差矩阵为:

$$P_{A_{end}}^\infty = \begin{bmatrix} P_o & P_o A_e^{\mathrm{T}} \\ A_e P_o & A_e P_o A_e^{\mathrm{T}} \end{bmatrix} = \begin{bmatrix} I \\ A_e \end{bmatrix} P_o [I, A_e^{\mathrm{T}}] \tag{5-33}$$

证明:由于观测噪声协方差矩阵为 R_A,从一个观测值处获取的信息可以写成:

$$\Omega_{new} = \nabla H_A^{\mathrm{T}} R_A^{-1} \nabla H_A \tag{5-34}$$

为了方便起见,转变为如下形式:

$$\begin{aligned} H_A &= [e \quad A] \\ \nabla H_A &= [-H_A \quad A] \end{aligned} \tag{5-35}$$

经过 n 次观测后,获取的全部信息可以用如下公式表示:

$$\begin{aligned} \Omega_{A_{end}}^n &= \begin{bmatrix} \Omega_0 & 0 \\ 0 & 0 \end{bmatrix} + n \begin{bmatrix} -H_A^{\mathrm{T}} \\ A^{\mathrm{T}} \end{bmatrix} R_A^{-1} [-H_A \quad A] \\[2ex] &= \begin{bmatrix} \Omega_0 + n H_A^{\mathrm{T}} R_A^{-1} H_A & -n H_A^{\mathrm{T}} R_A^{-1} H_A \\ -n A^{\mathrm{T}} R_A^{-1} H_A & n A^{\mathrm{T}} R_A^{-1} H_A \end{bmatrix} \end{aligned} \tag{5-36}$$

依据矩阵求逆原理：

$$P_{A_{end}}^n = (\Omega_{A_{end}}^n)-1 = \begin{bmatrix} \Omega_o^{-1} & \Omega_o^{-1} H_A^{\mathrm{T}} A^{-\mathrm{T}} \\ A^{-1} H_A \Omega_o^{-1} & P_{A_m}^n \end{bmatrix} = \begin{bmatrix} P_o & P_o H_A^{\mathrm{T}} A^{-\mathrm{T}} \\ A^{-1} H_A P_o & P_{A_m}^n \end{bmatrix}$$

(5-37)

其中：

$$P_{A_m}^n = A^{-1} H_A P_o H_A^{\mathrm{T}} A^{-\mathrm{T}} + \frac{A^{-1} R_A A^{-\mathrm{T}}}{n}$$

(5-38)

由于 $A^{-1} H_A = [A^{-1}e \quad I] = A_e$，公式(5-37)和公式(5-32)完全相同。当 $n \to \infty$ 时，公式(5-38)中的第二项趋近于零，公式(5-33)得证，证毕。由定理 5.2 获得如下推论：

推论 5.1　如果机器人是静止的，观测一个地标 n 次，机器人的不确定性保持不变。新地标的协方差矩阵的下限为：

$$P_{A_m}^{\infty} = A_e P_o A_e^{\mathrm{T}}$$

(5-39)

由机器人的不确定性 P_o 和雅可比矩阵 ∇H_A 决定。特殊情况下，机器人方向初始不确定性 P_o 是零，$P_{A_m}^{\infty}$ 等价于公式(5-26)中的机器人位置初始不确定性 P_{xy}。

证明：显然，公式(5-37)中机器人的不确定性未发生改变，公式(5-39)中的 $P_{A_m}^{\infty}$ 可以通过进一步计算为：

$$\begin{aligned} P_{A_m}^{\infty} = A_e P_o A_e^{\mathrm{T}} &= [A^{-1}e \quad I] \begin{bmatrix} p_{\phi} & P_{xy\phi}^{\mathrm{T}} \\ P_{xy\phi} & P_{xy} \end{bmatrix} \begin{bmatrix} e^{\mathrm{T}} A^{-\mathrm{T}} \\ I \end{bmatrix} \\ &= P_{xy} + A^{-1} e p_{\phi} e^{\mathrm{T}} A^{-\mathrm{T}} + A^{-1} e P_{xy\phi}^{\mathrm{T}} + P_{xy\phi} e^{\mathrm{T}} A^{-\mathrm{T}} \end{aligned}$$

(5-40)

当 $p_{\phi} \to 0$ 时，由于 P_o 是半正定的，因此 $P_{xy\phi} \to 0$，$P_{A_m}^{\infty} \to P_{xy}$，证毕。

定理 5.2 和推论 5.1 可以看作参考文献[57]中定理 3 的非线性描述。此外，机器人方向的不确定性对地标不确定性的极值有重要意义。当机器人位置已知，方向未知时，即使准确知道机器人与地标之间的相对位置，仍然不能准确估计地标真实位置。

机器人初始方向的不确定性对地标估计的精度有显著影响。

② 观测两个地标：假定机器人在位置点 A 处能够观测两个新地标，公式(5-12)中的观测函数的维数是四维(两个相对距离，两个转向角)。雅可比矩阵可以写为：

$$\nabla \hat{H}_A = \begin{bmatrix} -e & -A & A & 0 \\ -e & -\bar{A} & 0 & \bar{A} \end{bmatrix}$$

(5-41)

$\overline{A}$ 是和公式(5-29)中的 A 相似,为地标 $\overline{m}$ 定义,和公式(5-31)相似,可进一步表示为:

$$\overline{A}_e = [\overline{A}^{-1} \quad e \quad I] \tag{5-42}$$

定理 5.3 如果机器人是静止的,并且观测两个地标 n 次,机器人位姿的协方差矩阵和两个新地标位置估计为:

$$\hat{P}^n_{A_{end}} = \begin{bmatrix} P_o & P_o A_e^{\mathrm{T}} & P_o \overline{A}_e^{\mathrm{T}} \\ A_e P_o & P^n_{A_m} & A_e P_o \overline{A}_e^{\mathrm{T}} \\ \overline{A}_e P_o & \overline{A}_e P_o A_e^{\mathrm{T}} & P^n_{\overline{A}_m} \end{bmatrix} \tag{5-43}$$

$$P^n_{A_m} = A_e P_o A_e^{\mathrm{T}} + \frac{A^{-1} R_A A^{-\mathrm{T}}}{n}$$

$$\tag{5-44}$$

$$P^n_{\overline{A}_m} = \overline{A}_e P_o \overline{A}_e^{\mathrm{T}} + \frac{\overline{A}^{-1} R_{\overline{A}} \overline{A}^{-\mathrm{T}}}{n}$$

$R_{\overline{A}}$ 是所观测地标 $\overline{m}$ 的观测噪声协方差矩阵,在极限 $n \to \infty$ 情况下,整体协方差矩阵为:

$$\hat{P}^\infty_{A_{end}} = \begin{bmatrix} P_o & P_o A_e^{\mathrm{T}} & P_o \overline{A}_e^{\mathrm{T}} \\ A_e P_o & A_e P_o A_e^{\mathrm{T}} & A_e P_o \overline{A}_e^{\mathrm{T}} \\ \overline{A}_e P_o & \overline{A}_e P_o A_e^{\mathrm{T}} & \overline{A}_e P_o \overline{A}_e^{\mathrm{T}} \end{bmatrix} = \begin{bmatrix} I \\ A_e \\ \overline{A}_e \end{bmatrix} P_o \begin{bmatrix} I & A_e^{\mathrm{T}} & \overline{A}_e^{\mathrm{T}} \end{bmatrix} \tag{5-45}$$

推论 5.2:如果机器人是静止的,观测两个新地标 n 次,机器人的不确定性保持不变。和两个地标相关的协方差矩阵的下限为:

$$P^\infty_{mn} = \begin{bmatrix} A_e P_o A_e^{\mathrm{T}} & A_e P_o \overline{A}_e^{\mathrm{T}} \\ \overline{A}_e P_o A_e^{\mathrm{T}} & \overline{A}_e P_o \overline{A}_e^{\mathrm{T}} \end{bmatrix} \tag{5-46}$$

在这种情况下,当机器人方向的初始不确定性 P_o^* 为 0 时,极限 $P^\infty_{A_{end}}$ $= \begin{bmatrix} p_{xy} & p_{xy} \\ p_{xy} & p_{xy} \end{bmatrix}$。

定理 5.3 和推论 5.2 以及参考文献[45]中的定理 2 类似。然而,当 $P_o \neq 0$ 时,$A_e \neq \overline{A}_e$,$A_e P_o A_e^{\mathrm{T}} \neq \overline{A}_e P_o \overline{A}_e^{\mathrm{T}}$。

说明两个地标的不确定性是不同的,当机器人方向不确定性不为零时,这和参考文献[45]中证实的线性结果不同,即所有地标的不确定性(地标类型相似)都相同。观测函数的非线性导致在不同地标的位置计算的雅可比矩阵不同。

当机器人方向不确定性 P_ϕ 很大的时候,两个地标的不确定性差别也很大。

（2）条件 2：机器人运动

机器人在 A 点保持静止，进行 $n \to \infty$ 次观测，然后，机器人移动到另一个观测点 B 处，仅仅通过一步，观测同一地标 l 次。

① 观测一个地标：首先假定机器人能且仅能观测一个地标（在点 A 和点 B），地标 m。在位置点 B 处计算的公式（5-19）中的雅可比矩阵和地标 m 的真实位置表示为：

$$\nabla H_B = \begin{bmatrix} -e & -B & B \end{bmatrix} \tag{5-47}$$

B 在机器人位置 B 处定义，和公式（5-29）中的类似 A。和公式（5-31）类似，定义为：

$$B_e = \begin{bmatrix} B^{-1} & e & I \end{bmatrix} \tag{5-48}$$

下面的定理给出了点 A 处和点 B 处的雅可比矩阵的关系。

定理 5.4　位置点 A 处和位置点 B 处的雅可比矩阵的关系是：

$$A_e = B_e \, \nabla f_{\phi X_r}^A \tag{5-49}$$

$\nabla f_{\phi X_r}^A$ 是相对于机器人方向和位置的雅可比矩阵[详见公式（5-10）]在机器人位姿 A 和相关控制量处计算。

证明：机器人依据过程模型从位置点 A 处移动到位置点 B 处，雅可比矩阵 ∇H_A 和 ∇H_B 不是相互独立的，由公式（5-29）可知：

$$A^{-1} = \begin{bmatrix} \dfrac{\mathrm{d}x_A}{r_A} & -\mathrm{d}y_A \\[2mm] \dfrac{\mathrm{d}y_A}{r_A} & \mathrm{d}x_A \end{bmatrix}, A^{-1}e = \begin{bmatrix} -\mathrm{d}y_A \\ \mathrm{d}x_A \end{bmatrix} \tag{5-50}$$

类似的，$B^{-1}e = \begin{bmatrix} -\mathrm{d}y_B \\ \mathrm{d}x_B \end{bmatrix}$。

注意到，位置点 A 和位置点 B 之间的位置关系为：

$$\begin{aligned} x_B &= x_A + vT\cos(\phi_A) \\ y_B &= y_A + vT\sin(\phi_A) \end{aligned} \tag{5-51}$$

$$\mathrm{d}x_B = x_m - x_B = \mathrm{d}x_A - vT\cos(\phi_A)$$

$$\mathrm{d}y_B = y_m - y_B = \mathrm{d}y_A - vT\sin(\phi_A)$$

$$A^{-1}e - B^{-1}e = \begin{bmatrix} -vT\sin(\phi_A) \\ vT\cos(\phi_A) \end{bmatrix} \tag{5-52}$$

由公式（5-10）可知：

$$B_e \nabla f_{\phi X_r}^A = [B^{-1}e \quad I] \begin{bmatrix} 1 & 0 \\ \begin{bmatrix} -vT\sin(\phi_A) \\ vT\cos(\phi_A) \end{bmatrix} & I \end{bmatrix}$$

$$= \begin{bmatrix} B^{-1}e + \begin{bmatrix} -vT\sin(\phi_A) \\ vT\cos(\phi_A) \end{bmatrix} & I \end{bmatrix}$$

$$= [A^{-1}e \quad I] = A_e \tag{5-53}$$

证毕。

定理 5.5 如果机器人保持静止在位置点 A 处,并观测一个地标 $n \to \infty$ 次,移动到位置点 B 处,对同一地标观测 l 次,则最后的协方差矩阵为:

$$P_{B_{end}}^l = P_{B_{start}}^o + P_B^l \tag{5-54}$$

$$P_{B_{start}}^o = \begin{bmatrix} \nabla f_{\phi X_r}^A P_o (\nabla f_{\phi X_r}^A)^T & \nabla f_{\phi X_r}^A P_o A_e^T \\ A_e P_o (\nabla f_{\phi X_r}^A)^T & A_e P_o A_e^T \end{bmatrix} \tag{5-55}$$

$$P_B^l = \begin{bmatrix} \nabla f_{rv}^A \Sigma_B^l (\nabla f_{rv}^A)^T & 0 \\ 0 & 0 \end{bmatrix} \tag{5-56}$$

$$\Sigma_B^l = [\Sigma^{-1} + l H_{AB}^T R_B^{-1} H_{AB}] - 1 \geqslant 0 \tag{5-57}$$

$$H_{AB} = [e \quad B] \nabla f_{Tv}^A \tag{5-58}$$

此外,如果矩阵 $H_{AB}^T R_B^{-1} H_{AB}$ 是可逆的,当 $l \to 0$ 时,矩阵 $P_B^l \to 0$。$P_{A_{end}}^\infty$ 在公式(5-33)中定义,R_B 是 B 点处观测噪声的协方差矩阵,$\nabla f_{\phi X_r}^A$ 和 ∇f_{Tv}^A 是在位置点 A 处和相关控制量值计算的函数 f 的雅可比矩阵。

证明:假设机器人在位置点 A 处对地标 m 观测 n 次。在机器人移动到位置点 B 处之前,协方差矩阵是由公式(5-32)中矩阵 $P_{A_{end}}^n$ 定义。经公式(5-8)预测以后,当机器人移动到 B 点以后,协方差矩阵为:

$$P_{B_{start}} = \begin{bmatrix} P_{rr} & P_{rm} \\ P_{mr} & P_{A_m}^n \end{bmatrix} \tag{5-60}$$

其中:

$$P_{rr} = \nabla f_{\phi X_r}^A P_o (\nabla f_{\phi X_r}^A)^T + \nabla f_{rv}^A \Sigma (\nabla f_{rv}^A)^T$$

$$P_{rm} = \nabla f_{\phi X_r}^A P A_e^T$$

$$P_{mr} = A_e P_o (\nabla f_{\phi X_r}^A)^T \tag{5-61}$$

$$P_{A_m}^n = A_e P_o A_e^T + \frac{A^{-1} R_A A^{-T}}{n}$$

和公式(3-35)类似:

$$H_B = [e \quad B]$$

$$\nabla H_B = [-H_B \quad B] \tag{5-62}$$

经过在位置点 B 处的 l 次观测后所获取的全部信息为：

$$\Omega_{B_{end}}^l = \Omega_{B_{start}} + l \begin{bmatrix} -H_B^{\mathrm{T}} \\ B^{\mathrm{T}} \end{bmatrix} R_B^{-1} [-H_B \quad B] \tag{5-63}$$

其中，$\Omega_{B_{start}} = P_{B_{start}}^{-1}$，$R_B$ 是观测噪声的协方差矩阵。

$$C_B = \nabla H_B = [-H_B \quad B], D_B = \frac{R_B}{l} \tag{5-64}$$

利用矩阵求逆引理，在位置点 B 处观测结束后，相应协方差矩阵可以表示为：

$$P_{B_{end}}^l = (\Omega_{B_{end}}^l) - 1 = \Omega_{B_{start}}^{-1} - \Omega_{B_{start}}^{-1} C_B^{\mathrm{T}} (D_{CPC})^{-1} C_B \Omega_{B_{start}}^{-1}$$

$$= P_{B_{start}} - P_{B_{start}} C_B^{\mathrm{T}} (D_{CPC})^{-1} P_{B_{start}}$$

$$D_{CPC} = D_B + C_B P_{B_{start}} C_B^{\mathrm{T}}$$

$$C_B P_{B_{start}} = [C_{P1} \quad C_{P2}]$$

$$C_{P1} = \Delta_{AB} P_0 (\nabla f_{\phi X_r}^A)^{\mathrm{T}} - H_B \nabla f_{rv}^A \Sigma (\nabla f_{rv}^A)^{\mathrm{T}} \tag{5-65}$$

$$= \Delta_{AB} P_0 (\nabla f_{\phi X_r}^A)^{\mathrm{T}} - H_{AB} \Sigma (\nabla f_{rv}^A)^{\mathrm{T}}$$

$$C_{P2} = \Delta_{AB} P_0 A_e^{\mathrm{T}} + \frac{1}{n} B A^{-1} R_A A^{-\mathrm{T}}$$

$$\Delta_{AB} = B A_e - H_B \nabla f_{\phi X_r}^A = B(A_e - B_e \nabla f_{\phi X_r}^A)$$

由定理 5.4 可知，$\Delta_{AB} = 0$，因此

$$C_B P_{B_{start}} = \left[-H_{AB} \Sigma (\nabla f_{rv}^A)^{\mathrm{T}} \quad \frac{1}{n} B A^{-1} R_A A^{-\mathrm{T}} \right] \tag{5-66}$$

设 $n \to \infty$，则：

$$C_B P_{B_{start}} = [-H_{AB} \Sigma (\nabla f_{rv}^A)^{\mathrm{T}} \quad 0]$$

$$D_B + C_B P_{B_{start}} C_B^{\mathrm{T}} = \frac{R_B}{l} + H_{AB} \Sigma H_{AB}^{\mathrm{T}}$$

$$P_{B_{end}}^l = P_{B_{start}} - \begin{bmatrix} -\nabla f_{rv}^A \Sigma H_{AB}^{\mathrm{T}} \\ 0 \end{bmatrix} \cdot \left(\frac{R_B}{l} + H_{AB} \Sigma H_{AB}^{\mathrm{T}} \right)^{-1} \cdot [-H_{AB} \Sigma (\nabla f_{rv}^A)^{\mathrm{T}} \quad 0]$$

$$= P_{B_{start}}^0 + \begin{bmatrix} \Delta_l & 0 \\ 0 & 0 \end{bmatrix}$$

$$\Delta_l = \nabla f_{rv}^A \Sigma (\nabla f_{rv}^A)^{\mathrm{T}} - \nabla f_{rv}^A \Sigma H_{AB}^{\mathrm{T}} \cdot \left(\frac{R_B}{l} + H_{AB} \Sigma H_{AB}^{\mathrm{T}} \right)^{-1} H_{AB} \Sigma (\nabla f_{rv}^A)^{\mathrm{T}}$$

$$= \nabla f_{rv}^A \left[\Sigma - \Sigma H_{AB}^{\mathrm{T}} \left(\frac{R_B}{l} + H_{AB} \Sigma H_{AB}^{\mathrm{T}} \right)^{-1} \cdot H_{AB} \Sigma \right] (\nabla f_{rv}^A)^{\mathrm{T}} \tag{5-67}$$

依据矩阵求逆引理:

$$\Sigma - \Sigma H_{AB}^{\mathrm{T}} \left(\frac{R_B}{l} + H_{AB} \Sigma H_{AB}^{\mathrm{T}} \right)^{-1} \cdot H_{AB} \Sigma = [\Sigma^{-1} + l H_{AB}^{\mathrm{T}} R_B^{-1} H_{AB}]^{-1} \geqslant 0$$

$$\Delta_l = \nabla f_{rv}^A \Sigma_B^l (\nabla f_{rv}^A)^{\mathrm{T}} \tag{5-68}$$

如果矩阵 $H_{AB}^{\mathrm{T}} R_B^{-1} H_{AB}$ 是可逆的,则 $\Sigma_B^l \to 0, P_B^l \to 0, l \to \infty$。证毕。

通过定理 5.5 协方差矩阵的下限是 $P_{B_{start}}^o$。如果从位置点 A 处移动到位置点 B 处不存在过程噪声,这个下限就是机器人第一次到达 B 点处的协方差矩阵[公式(5-8)中的 $\Sigma = 0$]。

② 观测两个地标:假定在位置点 A 和 B 处,机器人能观测两个地标(地标 m 和地标 $\overline{m}$)公式(3-12)中观测函数的维数是 4(包括两个相对距离和两个偏转角),与公式(3-30)的相应的雅可比矩阵表示为:

$$\nabla \hat{H}_B = \begin{bmatrix} -e & -B & B & 0 \\ -e & -\overline{B} & 0 & \overline{B} \end{bmatrix} \tag{5-69}$$

定理 5.6 如果机器人保持静止在位置 A 点处并观测一个地标 $n \to \infty$ 次,移动到 B 点,对同一地标观测 l 次,则最后的协方差矩阵为:

$$\hat{P}_{B_{end}}^l = \hat{P}_{B_{start}}^o + \hat{P}_B^l \tag{5-70}$$

$$\hat{P}_{B_{start}}^o = \begin{bmatrix} \nabla f_{\phi X_r}^A & 0 & 0 \\ 0 & I & 0 \\ 0 & 0 & I \end{bmatrix} \hat{P}_{Aend}^\infty \cdot \begin{bmatrix} (\nabla f_{\phi X_r}^A)^{\mathrm{T}} & 0 & 0 \\ 0 & I & 0 \\ 0 & 0 & I \end{bmatrix} \tag{5-71}$$

$$\hat{P}_B^l = \begin{bmatrix} \nabla f_{Tv}^A \Sigma_B^l (\nabla f_{Tv}^A)^{\mathrm{T}} & 0 & 0 \\ 0 & 0 & 0 \\ 0 & 0 & 0 \end{bmatrix} \tag{5-72}$$

$$\hat{\Sigma}_B^l = [\Sigma^{-1} + l (H_{AB}^{\mathrm{T}} R_B^{-1} H_{AB} + H_{A\overline{B}}^{\mathrm{T}} R_{\overline{B}}^{-1} H_{A\overline{B}})]^{-1} \geqslant 0 \tag{5-73}$$

$$H_{A\overline{B}} = [e \quad \overline{B}] \nabla f_{Tv}^A \tag{5-74}$$

此外,如果矩阵 $H_{AB}^{\mathrm{T}} R_B^{-1} H_{AB} + H_{A\overline{B}}^{\mathrm{T}} R_{\overline{B}}^{-1} H_{A\overline{B}}$ 是可逆的,当 $l \to 0$ 时,矩阵 $\hat{P}_B^l \to 0$。$\hat{P}_{A_{end}}^\infty$ 在公式(5-45)中定义,$\nabla f_{\phi X_r}^A$ 和 ∇f_{Tv}^A 在位置点 A 处和相关控制量计算的函数 f 的雅可比矩阵。H_{AB} 在公式(5-58)中定义,R_B 和 $R_{\overline{B}}$ 分别是地标 m 和地标 $\overline{m}$ 在点 B 处的观测噪声的协方差矩阵。

证明:证明过程和定理 5.5 相同,此处省略。

注意：定理 5.5 和 5.6 表明，点 B 的观测值仅仅降低了由过程噪声产生的机器人不确定性，不能降低地标不确定性，如果机器人已经在 A 点处观测该地标 n 次。定理 5.5 和 5.6 可以扩展到从 A 到 B，经历不止一步，例如 $A \rightarrow B_1 \rightarrow B_2 \rightarrow \cdots \rightarrow B_n \rightarrow B$，对于一种地标的情况，协方差矩阵的极限为：

$$P_{B_{end}}^{\infty} \geqslant \begin{bmatrix} F_{AB}P_oF_{AB}^{\mathrm{T}} & F_{AB}P_oF_e^{\mathrm{T}} \\ A_eP_oF_{AB}^{\mathrm{T}} & A_eP_oA_e^{\mathrm{T}} \end{bmatrix} \qquad (5\text{-}75)$$

$$F_{AB} = \nabla f_{\not\!x_r}^B \cdots \nabla f_{\not\!x_r}^B \nabla f_{\not\!x_r}^A \qquad (5\text{-}76)$$

5.1.3　EKF-SLAM 算法的一致性研究

在上述证明的所有关于收敛性质的理论中，均假定雅可比矩阵在真实的机器人位姿和真实的地标位置处获得。在实际的 SLAM 中，机器人和地标的真实位置不能获得，雅可比矩阵在只能在估计位置处获得。在估计值处计算的雅可比矩阵会产生过度估计，即状态估计不一致现象。包括：

（1）均值不一致性

在 Csorba, Dissanayake 等人给出 SLAM 的收敛性证明[43-44]之后的一段时间之内，人们都一直认为随着时间的推移，EKF-SLAM 将会对机器人位姿和地图在概率意义上进行最优估计。直到 Julier 和 Uhlmann 通过仿真实验指出 EKF-SLAM 的均值不一致性现象之后，研究人员才对 EKF-SLAM 的收敛性有了一个新的认识，并投入到提高 EKF-SLAM 在非线性系统模型下的收敛性方面的研究中。Julier 和 Uhlmann 在他们的仿真实验中发现，当系统模型为非线性时，EKFSLAM 在长时间的运行之后给出的地图并不收敛。即使在最简单的情况，如机器人静止不动并且只观测到一个特征时，EKF-SLAM 得到的机器人方位角 θ_r 也会一直变化，而且其方差一直在减小。但是，由于没有外来的关于机器人方位角 θ_r 的观测信息，θ_r 的均值在估计过程中应该保持不变，其方差也应该保持不变。他们又做了另外一个仿真，在这个仿真中，机器人在移动的同时观测 5 个特征。在这个仿真中，系统的状态估计在前 600 步内令人满意，但是在 5 000 步之后，系统的状态开始发散，并没有出现期望中的收敛性现象。由于这类现象是关于状态的均值没有如期望的那样收敛，所以称之为均值不一致性现象[45,65-66]。

（2）方差不一致性

Castellanos 等人也用仿真证实了 EKF-SLAM 算法的均值不一致性现象，并指出，产生不一致性现象的原因是由于线性化误差的存在（Linearization

Error)。在他们的仿真实验中,机器人在一个 2D 环境中沿一个矩形的轨迹行走。仿真结果表明,机器人位姿的不确定性在开始的一段时间内急剧下降,并比起始时刻的方差还要低。这是一个不一致性现象,因为在没有外部关于机器人绝对位姿信息的话,机器人位姿的方差应该始终比起始方差大。Huang 等人也观察到了方差不一致性现象并给出了更深入的分析。他们指出,如果运动学模型和观测模型的雅可比矩阵都是在真值点处计算,那么,当机器人从 A 点移动到 B 点时,在 B 点所获得的观测值的唯一作用是降低机器人从 A 到 B 过程中控制噪声的影响。如果在 A 点机器人已经对某一个特征观测无数次,那么在没有其他关于系统状态绝对位置信息的情况下,在 B 点对该特征的观测无法进一步降低该特征的方差。但是,如果在整个 SLAM 运行过程中,运动学模型和观测模型的雅可比矩阵都是在状态的估计值处计算的话,该特征的方差会降低,也就是发生了方差不一致性现象[60]。

(3) 非线性 EKF-SLAM 中存在不一致的原因

大量研究成果表明,EKF-SLAM 产生不一致的主要原因是在线性化过程中引入误差。

线性化是一个近似的过程,在估计过程中会引进误差,错误估计可能是乐观估计(估计的不确定性小于真实的不确定性)也可能是悲观估计(估计的不确定性大于真实的不确定性)。然而,相关 SLAM 的著作[44,67-69]仅仅提及了乐观估计,并未提及悲观估计。

(4) 从数学角度的直观解释

在大多数情况下,SLAM 算法可用的测量值是机器人和地标之间的相对位置,SLAM 过程研究对象是估计机器人和地标的绝对位置。

假设 x 和 y 是两个要估计的物理量,并且我们能够观测到这两个物理量的差值 $x-y$。

$$x-y \approx 99.8$$
$$x-y \approx 100.1 \tag{5-77}$$

依据测量值,尽管我们可以说 $x-y$ 在 100 左右,但是我们不能获得 x 或者 y 的真实值。如果这个测量方程式是非线性的,将上面两个测量值采用相同形式的线性形式(观测方程),例如:

$$1.01x-y \approx 99.8$$
$$0.99x-y \approx 100.1 \tag{5-78}$$

从这两个方程可以看出,可以求解出近似的 x 和 y 的绝对值,显而易见,输出结果是过于乐观的。

在下面两个小节中，SLAM 中产生过于自信估计的原理和上面类似，通过两种情况进行证明。

① 条件 1：机器人静止

在 EKF-SLAM 算法中，观测偏差（公式中的 $\mu(k+1)$）用于更新之前的估计值 $\hat{X}$，经线性化处理后，可以表示为：

$$\mu = z - H(\hat{X}) \approx H(X) - H(\hat{X}) \approx \nabla H_A(X - \hat{X})$$
$$= -e(\phi - \hat{\phi}) - A(X_r - \hat{X}_r) + A(X_m - \hat{X}_m) \tag{5-79}$$

$\hat{\phi}, \hat{X}_r, \hat{X}_m$ 是机器人方向，机器人位置，地标位置的估计值，相当于：

$$e\phi + AX_r - AX_m \approx -\mu + e\hat{\phi} + A\hat{X}_r - A\hat{X}_m \tag{5-80}$$

假定机器人在 A 点处静止，对同一地标进行两次连续的观测——z_1 和 z_2，使用 z_1 更新后，机器人方向、机器人位置以及地标位置的估计值会从 $\hat{\phi}, \hat{X}_r, \hat{X}_m$ 变为 $\hat{\phi}^1, \hat{X}_r^1, \hat{X}_m^1$。当 z_2 用于更新时，雅可比矩阵会在不同的估计点处进行计算，两次的变化量 μ_1, μ_2 表示为：

$$e\phi + \overline{A}_1 X_r - \overline{A}_1 X_m \approx -\mu_1 + e\hat{\phi} + \overline{A}_1 \hat{X}_r - \overline{A}_1 \hat{X}_m$$
$$e\phi + \overline{A}_2 X_r - \overline{A}_2 X_m \approx -\mu_2 + e\hat{\phi}^1 + \overline{A}_2 \hat{X}_r^1 - \overline{A}_2 \hat{X}_m^1 \tag{5-81}$$

$\overline{A}_1, \overline{A}_2$ 和公式（5-29）中的定义相同，不同点在于机器人和路标位置为估计值。都是和 A 类似，但 $\overline{A}_1, \overline{A}_2$ 是不相同的奇异矩阵。

以上两个方程相当于：

$$\overline{A}_1^{-1} e\phi + X_r - X_m \approx -\overline{A}_1^{-1}\mu_1 + \overline{A}_1^{-1} e\hat{\phi} + \hat{X}_r - \hat{X}_m$$
$$\overline{A}_2^{-1} e\phi + X_r - X_m \approx -\overline{A}_2^{-1}\mu_2 + \overline{A}_2^{-1} e\hat{\phi}^1 + \hat{X}_r^1 - \hat{X}_m^1 \tag{5-82}$$

$$(\overline{A}_1^{-1} e - \overline{A}_2^{-1} e)\phi \approx \overline{A}_2^{-1}\mu_2 - \overline{A}_1^{-1}\mu_1 + \hat{X}_r - \hat{X}_m + \overline{A}_1^{-1} e\hat{\phi} - \overline{A}_2^{-1} e\hat{\phi}^1 - \hat{X}_r^1 + \hat{X}_m^1 \tag{5-83}$$

在特殊结构下的 $\overline{A}_1, \overline{A}_2$ [参考公式（5-24）]，如果 $\overline{A}_1 \neq \overline{A}_2$，那么 $\overline{A}_1^{-1} e \neq \overline{A}_2^{-1} e$。公式（5-83）对于 ϕ 提供了相同的信息，显而易见，观测一个单一的新地标不能改善机器人方向的认知。因此，机器人方向上的信息是不正确的，会导致过于自信估计（不一致），为了检验不一致的程度，让机器人在 A 点处静止，并观测一个新地标 n 次，每获取一个观测值之后，都进行更新，雅可比矩阵在更新点处获得，因此，得到不同的雅可比矩阵：

$$\nabla H_{\overline{A}_j} = \begin{bmatrix} -e & -\overline{A}_j & \overline{A}_j \end{bmatrix}, 1 \leqslant j \leqslant n \tag{5-84}$$

R_A 表示点 A 处的观测噪声的协方差矩阵,定义为:

$$w(n,A) = ne^T R_A^{-1} e - e^T R_A^{-1} \left(\sum_{j=1}^n \overline{A}_j \right) \cdot \left(\sum_{j=1}^n \overline{A}_j^T R_A^{-1} \overline{A}_j \right)^{-1} \left(\sum_{j=1}^n \overline{A}_j^T \right) R_A^{-1} e$$

$$(5-85)$$

在此之前,假定初始机器人不确定性由公式(5-26)中给定。

定理 5.7 在 EKF-SLAM 中,如果机器人在 A 点处是静止的,观测一个新地标 n 次,不同状态估计值处计算的雅可比矩阵会导致不一致。不一致的程度由机器人初始不确定性 P_0 以及公式(5-85)中定义的 $w(n,A)$ 决定。当 $n \to \infty$ 时,不一致性会引起机器人方向估计的协方差矩阵减小至零。

证明:由公式(5-27)可知,机器人的初始新息矩阵为 Ω_0,经过 n 次观测后,最终的新息矩阵形式为:

$$\Omega_1 = \begin{bmatrix} \Omega_0 & 0 \\ 0 & 0 \end{bmatrix} + \sum_{j=1}^n \nabla H_{\widetilde{A}_j}^T R_A^{-1} \nabla H_{\widetilde{A}_j}$$

$$= \begin{bmatrix} i_\phi & b^T & 0 \\ b & \Omega_{xy} & 0 \\ 0 & 0 & 0 \end{bmatrix} + \sum_{j=1}^n \begin{bmatrix} -e^T \\ -\widetilde{A}_j^T \\ \widetilde{A}_j^T \end{bmatrix} R_A^{-1} \begin{bmatrix} -e^T & -\widetilde{A}_j^T & \widetilde{A}_j^T \end{bmatrix} = \begin{bmatrix} i_{\phi1} & b_1^T \\ b_1 & \Omega_{xy1} \end{bmatrix}$$

$$(5-86)$$

其中:

$$i_{\phi1} = i_\phi + ne^T R_A^{-1} e$$

$$b_1 = \begin{bmatrix} b + \left(\sum_{j=1}^n \widetilde{A}_j^T \right) R_A^{-1} e \\ - \left(\sum_{j=1}^n \widetilde{A}_j^T \right) R_A^{-1} e \end{bmatrix}$$

$$(5-87)$$

$$\Omega_{xy1} = \begin{bmatrix} \Omega_{xy} + \Omega_{\Sigma_j} & -\Omega_{\Sigma_j} \\ -\Omega_{\Sigma_j} & \Omega_{\Sigma_j} \end{bmatrix}$$

$$\Omega_{\Sigma_j} = \sum_{j=1}^n \overline{A}_j^T R_A^{-1} \overline{A}_j$$

由于 Ω_{xy} 和 Ω_{Σ_j} 是正定矩阵,可以证实:

$$\Omega_{xy1}^{-1} = \begin{bmatrix} \Omega_{xy}^{-1} & \Omega_{xy}^{-1} \\ \Omega_{xy}^{-1} & \Omega_{xy}^{-1} + \Omega_{\Sigma_j}^{-1} \end{bmatrix}$$

$$b_1^\mathrm{T} \Omega_{xy1}^{-1} b_1 = b^\mathrm{T} \Omega_{xy}^{-1} b + e^\mathrm{T} R_A^{-1} \Big(\sum_{j=1}^{n} \widetilde{A}_j \Big) \cdot \Omega_{\Sigma_j}^{-1} \Big(\sum_{j=1}^{n} \widetilde{A}_j^\mathrm{T} \Big) R_A^{-1} e \tag{5-88}$$

应用矩阵求逆引理：

$$P_1 = \Omega_1^{-1} = \begin{bmatrix} (i_{\phi 1} - b_1^\mathrm{T} \Omega_{xy1}^{-1} b)^{-1} & * \\ * & * \end{bmatrix} = \begin{bmatrix} (i_{\phi} - b^\mathrm{T} \Omega_{xy}^{-1} b + \omega(n,A))^{-1} & * \\ * & * \end{bmatrix}$$

$$\tag{5-89}$$

其中，* 代表一个不重要的矩阵。

$$\omega(n,A) = n e^\mathrm{T} W e$$

$$W = R_A^{-1} - R_A^{-1} \Big(\sum_{j=1}^{n} \widetilde{A}_j \Big) \Big(n \sum_{j=1}^{n} \widetilde{A}_j^\mathrm{T} R_A^{-1} \widetilde{A}_j \Big)^{-1} \cdot \Big(\sum_{j=1}^{n} \widetilde{A}_j^\mathrm{T} \Big) R_A^{-1} \tag{5-90}$$

$$n \sum_{j=1}^{n} \widetilde{A}_j^\mathrm{T} R_A^{-1} \widetilde{A}_j \geqslant \Big(\sum_{j=1}^{n} \widetilde{A}_j^\mathrm{T} \Big) R_A^{-1} \Big(\sum_{j=1}^{n} \widetilde{A}_j \Big) \tag{5-91}$$

由于 $W \geqslant 0$，所以 $\omega(n,A) \geqslant 0$。

$$(i_{\phi} - b^\mathrm{T} \Omega_{xy}^{-1} b + \omega(n,A))^{-1} \leqslant (i_{\phi} - b^\mathrm{T} \Omega_{xy}^{-1} b)^{-1} = p_{\phi} \tag{5-92}$$

这说明更新之后的机器人方向不确定性不会大于机器人初始方向不确定性。

再者，如果矩阵 $\widetilde{A}_j, 1 \leqslant j \leqslant n$ 均相同，公式（5-91）变成相等的，并且 $\omega(n,A) = 0$。

$$(i_{\phi} - b^\mathrm{T} \Omega_{xy}^{-1} b + \omega(n,A))^{-1} = p_{\phi} \tag{5-93}$$

如果矩阵 $\widetilde{A}_j, 1 \leqslant j \leqslant n$ 不同，

$$\omega(n,A) > 0$$
$$(i_{\phi} - b^\mathrm{T} \Omega_{xy}^{-1} b + \omega(n,A))^{-1} < p_{\phi} \tag{5-94}$$

显而易见，机器人方向不确定性不会因为观测同一地标而减少，即产生了不一致。通常情况下，如果矩阵 $\widetilde{A}_j, 1 \leqslant j \leqslant n$ 不同，那么当 $n \to \infty$ 时，$\omega(n,A) \to \infty$：

$$1 \leqslant j \leqslant n, (i_{\phi} - b^\mathrm{T} \Omega_{xy}^{-1} b + \omega(n,A))^{-1} \to 0 \tag{5-95}$$

这说明在经过多次观测后，机器人方向的不确定性会降低至零。证毕。

② 条件 2：机器人运动

机器人在位置点 A 处对一个地标进行观测，移动到位置点 B 处，继续观测同一地标。和公式（5-57）类似，两个偏差 μ_A, μ_B 表示为：

$$\overline{A}^{-1} e_{\phi}^A + X_r^A - X_m \approx -\overline{A}^{-1} \mu_A + \overline{A}^{-1} e_{\hat{\phi}}^A + \hat{X}_r^A - \hat{X}_m^A$$
$$\overline{B}^{-1} e_{\phi}^B + X_r^B - X_m \approx -\overline{B}^{-1} \mu_B + \overline{B}^{-1} e_{\hat{\phi}}^B + \hat{X}_r^B - \hat{X}_m^B \tag{5-96}$$

通过公式(5-2)及适当线性化:

$$\phi^B \approx \phi^A + f_\phi(\hat{\gamma}, \hat{v}, 0, 0)$$

$$X_\gamma^B \approx X_\gamma^A + \begin{bmatrix} \hat{v}T\cos(\hat{\phi}_A) \\ \hat{v}T\sin(\hat{\phi}_A) \end{bmatrix} + \begin{bmatrix} -\hat{v}T\sin(\hat{\phi}_A) \\ \hat{v}T\cos(\hat{\phi}_A) \end{bmatrix}(\phi^A - \hat{\phi}_A) \tag{5-97}$$

$$\left[\overline{A}^{-1}e - \overline{B}^{-1}e - \begin{bmatrix} -\hat{v}T\sin(\hat{\phi}_A) \\ \hat{v}T\cos(\hat{\phi}_A) \end{bmatrix} \right]\phi^A \approx \overline{B}^{-1}\mu_B - \overline{A}^{-1}\mu_A + \overline{A}^{-1}e\hat{\phi}^A + \hat{X}_r^A - \hat{X}_m^A$$

$$-\overline{B}^{-1}e\hat{\phi}^B - \hat{X}_r^B + \hat{X}_m^B + \overline{B}^{-1}ef_\phi(\hat{\gamma}, \hat{v}, 0, 0)$$

$$+ \begin{bmatrix} \hat{v}T\cos(\hat{\phi}_A) \\ \hat{v}T\sin(\hat{\phi}_A) \end{bmatrix} - \begin{bmatrix} -\hat{v}T\sin(\hat{\phi}_A) \\ \hat{v}T\cos(\hat{\phi}_A) \end{bmatrix}\hat{\phi}_A \tag{5-98}$$

如果 $\overline{A}^{-1}e \neq \overline{B}^{-1}e + \begin{bmatrix} -\hat{v}T\sin(\hat{\phi}_A) \\ \hat{v}T\cos(\hat{\phi}_A) \end{bmatrix}$,以上公式包含的 ϕ^A 信息是不正确的,观测一个单一地标不能提供任何关于机器人方向的信息。

注意到 $\overline{A}^{-1}e = \overline{B}^{-1}e + \begin{bmatrix} -\hat{v}T\sin(\hat{\phi}_A) \\ \hat{v}T\cos(\hat{\phi}_A) \end{bmatrix}$ 是定理 5.4 的关系,如果违反了该关系,会引起 EKF-SLAM 算法不一致性,因此,可以得出以下定理。

定理 5.8 当机器人在两个不同点 A,B 处观测同一地标时候,EKF-SLAM 算法会产生不一致估计,由于在估计的机器人位置处计算的雅可比矩阵会违背定理 5.4 中的关系。

证明:在不考虑控制噪声的情况下进行证明,即 $\Sigma = 0$。在这种情况下,如果 $\Delta_{AB} = 0$,则 $C_{P1} = 0$;如果 $\Delta_{AB} \neq 0$,则 $C_{P1} = \Delta_{AB}P_0(\nabla f_{\hat{\phi}X_r}^A)^T \neq 0$。通过公式(5-65),$P_{B_{end}}^l$ 矩阵左上角的子矩阵为:

$$\nabla f_{\hat{\phi}X_r}^A P_0(\nabla f_{\hat{\phi}X_r}^A)^T - C_{P1}^T(D_{CPC})^{-1}C_{P1} \leqslant \nabla f_{\hat{\phi}X_r}^A P_0(\nabla f_{\hat{\phi}X_r}^A)^T \tag{5-99}$$

这违反了定理 5.5 所提出的下限,证毕。

本节中不一致的结论仅仅集中于协方差矩阵。一旦协方差矩阵不一致,随后的卡尔曼增益会不正确。

5.1.4 实验仿真

基于前几节的理论分析证明,做出如下仿真:

(1) 机器人静止在位置点 A 处,对同一地标进行 n 次观测:

图 5-1～图 5-4 表示当机器人固定,并观测同一地标 $n \to \infty$ 时候,地标不确定性的极值(理论证明详见定理 5.2,推论 5.1 和定理 5.7)。在图 5-1 中,机器人初始不确定性为 $P_o = \mathrm{diag}(0.03,1,1)$,由于机器人方向不确定性很大(标准偏差是 0.173 2 rad,近似于 10°),在极限情况下,地标位置的不确定性远远大于机器人位置的初始不确定性。图 5-2 中,机器人初始不确定性为 $P_o = diag(0.001,1,1)$,由于机器人方向不确定性很大小(标准偏差是 0.031 6 rad,近似于 1.8°),在极限情况下,地标位置的不确定性非常接近机器人位置的初始不确定性。在图 5-3 中,机器人位姿的初始不确定性和图 5-1 中相同,实线椭圆是地标不确定性的极值,雅可比矩阵在每一个更新步骤之后的更新状态估计值处计算获得。通过 1 000 次更新过程作图,相对距离和转向角中包含随机高斯噪声(相对距离和偏转角的标准偏差和典型的室内激光传感器类似,0.1 m 和 1°)。由图可以看出,地标的不确定性降低至远远低于理论极值(虚线椭圆),表明了 EKF-SLAM 算法中的不一致性。在图 5-4 中,机器人方向的初始不确定性更小(和图 5-2 中相同)。由此可见,不一致的程度很小,基本可以忽略不计(实线的椭圆基本和虚线的椭圆一致)。

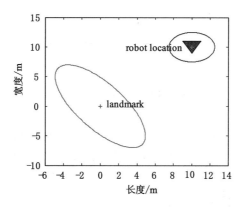

图 5-1　机器人初始方向不确定性很大

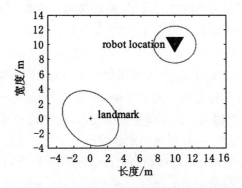

图 5-2　机器人初始方向不确定性很小

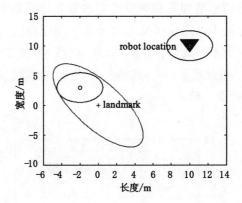

图 5-3　EKF-SLAM 的不一致性

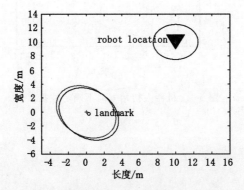

图 5-4　当机器人初始方向不确定性很小时，
不一致性可以被忽略

（2）机器人静止在位置点 A 处，对同一地标进行 n 次观测

图 5-5～图 5-8 表示当机器人固定，并观测两个地标 $n \to \infty$ 时候，两个地标不确定性的极值。图 5-5 表明，两个地标的不确定性的最后的极值是不同的（详见定理 5.3，推论 5.2，定理 5.7 以及图 5-1～图 5-4 的详细解释说明），P_ϕ 和图 5-1 中的相同。图 5-6 表明，当机器人方向初始不确定性 P_ϕ 很小的时候，偏差也很小（P_ϕ 和图 5-2 中的相同）。

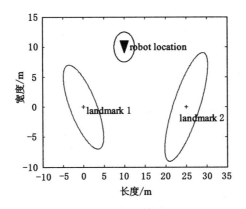

图 5-5　机器人初始方向不确定性很大

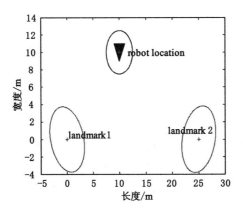

图 5-6　机器人初始方向不确定性很小

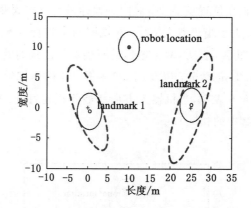

图 5-7　EKF-SLAM 的不一致性——两个地标

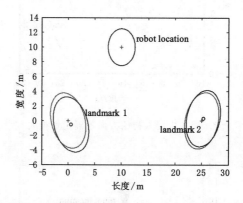

图 5-8　机器人初始方向不确定很小时不一致性可以忽略

（3）机器人运动，由位置点 A 处移动一步到位置点 B 处

图 5-9～图 5-12 表示当机器人首先在 A 点处固定，并观测一个地标 $n \to \infty$ 次后，移动到点 B 处，并继续观测同一地标 $1 \to \infty$ 次，机器人和地标各自不确定性的极值。（详见定理 5.5）。初始机器人不确定性和图 5-1 中使用的相同。图 5-9 和图 5-10 是没有过程噪声的情况，图 5-9 表示经过预测步骤处理之后的不确定性，图 5-10 表示采用位置点 B 处的观测值更新后的不确定性。显而易见，B 处的观测值不能降低机器人和地标的不确定性，图 5-11 和图 5-12 是存在过程噪声的情况，在此情况下，位置点 B 处的观测值并不能改善地标的不确定性，然而机器人的不确定性可以被减小至与不存在过程噪声条件相同。不确定性的下限独立于传感器噪声和控制噪声。控制噪声仅仅影响预测后的机器人的

不确定性,图 5-11 描述了这一现象。传感器的噪声和图 5-1~图 5-4 采用的相同,机器人的速度和控制噪声可以放大,会使得椭圆差异明显。

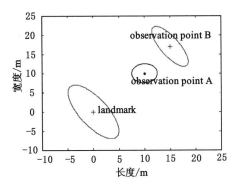

图 5-9　无过程噪声——预测后

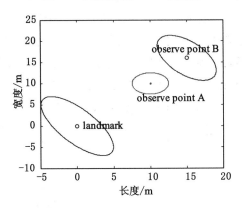

图 5-10　无过程噪声——更新后

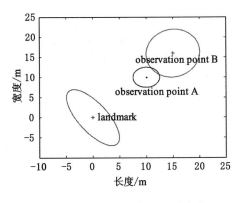

图 5-11　有过程噪声——预测后

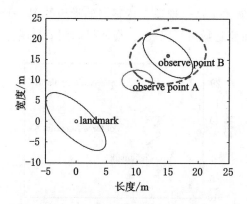

图 5-12　有过程噪声——更新后

（4）机器人运动，由位置点 A 处移动 500 步到位置点 B 处

图 5-13～图 5-16 描述了当机器人移动时候 EKF-SLAM 算法的不一致性问题（理论证明详见定理 5.6）：机器人在位置 A 点处保持静止状态，观测地标10 000 次，初始机器人不确定性和图 5-1 相同，在点 A 处采用真实的雅可比矩阵保证机器人移动前的估计一致性。然后，机器人移动 500 步，走向 B 点，在移动过程中不断观测地标。实线椭圆代表在 A 点观测后的估计不确定性。虚线椭圆是间隔点处的不确定性（每隔 100 步画一次），实线的椭圆代表最后的不确定性。

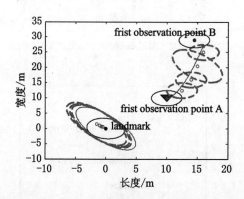

图 5-13　无过程噪声移动 500 步——不一致性

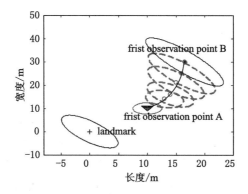

图 5-14　无过程噪声移动 500 步——真实雅可比矩阵

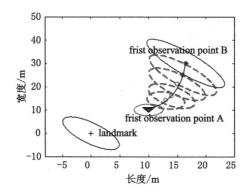

图 5-15　有过程噪声移动 500 步——不一致性

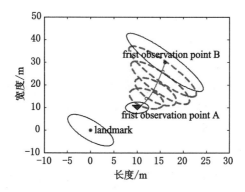

图 5-16　有过程噪声移动 500 步——真实雅可比矩阵

图 5-13 表明不一致的范围是有重要意义的当没有控制噪声时候。图 5-14

表明采用真实雅可比矩阵时候的对应结果。图 5-15 表示控制噪声存在时候的
不一致性。图 5-16 表明采用真实雅可比矩阵时候的对应结果。在仿真中,传感
器噪声和图 5-1～图 5-4 相同,控制噪声和 Pioneer robots 的相同,速度噪声和
转率噪声的标准偏差为 0.02 m/s 和 3 度/s,图 5-15 和图 5-16 相似是由于更新
后的相对较小的传感器噪声,但没有控制噪声时候,不确定性基本相同。

在本章提供的仿真中,传感器噪声和控制噪声的选取与典型室内机关传感
器和 Pioneer robots 相同,传感器噪声和控制噪声的影响在不一致的程度上是
复杂的,需要深入研究。通常情况下,大的噪声会导致雅可比矩阵中的更大的
误差,但是公式(5-58)或者(5-63)中包含的错误信息会变少,当噪声更大的
时候。

5.2 基于能观测性的 SLAM 系统一致性研究

5.2.1 EKF-SLAM 算法能观测性研究

以观测单一路标为例,对连续时间的非线性 SLAM 系统进行分析,系统状
态预测方程采用如下公式表示:

$$\begin{bmatrix} \dot{x}_R(t) \\ \dot{y}_R(t) \\ \dot{\phi}_R(t) \\ \dot{x}_L(t) \\ \dot{y}_L(t) \end{bmatrix} = \begin{bmatrix} c\phi_R(t) \\ s\phi_R(t) \\ 0 \\ 0 \\ 0 \end{bmatrix} v(t) + \begin{bmatrix} 0 \\ 0 \\ 1 \\ 0 \\ 0 \end{bmatrix} \omega(t) \Rightarrow \dot{x}(t) = f_1 v(t) + f_2 \omega(t)$$

$$(5\text{-}100)$$

其中,$u \triangle [v, \omega]^T$ 代表控制输入;v 代表线速度;ω 代表角速度。在传统 EKF-
SLAM[45,60,70-72] 算法中,全局坐标系下的状态变量包含机器人位姿以及路标位
置。k 时刻状态变量定义为:

$$x_k = [P_{R_k}^T \quad \phi_{R_k} \quad P_L^T]^T = [x_{R_k}^T \quad P_L^T]^T \tag{5-101}$$

其中,$x_{R_k} = [P_{R_k}^T \quad \phi_{R_k}]^T$ 表示机器人位姿;P_L 表示路标位置;P_{R_k} 表示机器人在
k 时刻的位置;ϕ_{R_k} 表示机器人在 k 时刻的航向。

移动机器人定位系统可以用如下非线性方程表示:

$$x_k = f(x_{k-1}, k-1) + \Gamma(x_{k-1}, k-1) w_{k-1} \tag{5-102}$$

$$z_k = h(x_k, k) + v_k \tag{5-103}$$

其中,w_k,v_k 为零均值白噪声序列。采用 EKF 方法线性化后,可用预测和更新两个过程表示。

(1) EKF 预测

预测过程是根据当前状态的预测模型对预测方程中当前状态的先验值进行更新,并对状态变量和误差协方差的下一次实时进行分析,从而为下一次的优化打下基础。由于路标位置不发生变化,EKF 预测方程形式如下:

$$\hat{p}_{R_{k+1|k}} = \hat{p}_{R_{k|k}} + C(\hat{\phi}_{R_{k|k}})^{R_k}\hat{p}_{R_{k+1}} \tag{5-104}$$

$$\hat{\phi}_{R_{k+1|k}} = \hat{\phi}_{R_{k|k}} + {}^{R_k}\hat{\phi}_{R_{k+1}} \tag{5-105}$$

$$\hat{p}_{L_{k+1|k}} = \hat{p}_{L_{k|k}} \tag{5-106}$$

其中,$C(\cdot)$ 表示 2×2 的旋转矩阵;$\hat{p}_{R_{k|k}}$ 与 $\hat{p}_{L_{k|k}}$ 分别表示机器人和地标的估计位置;$\hat{\phi}_R$ 表示机器人航向的估计值;${}^{R_k}\hat{\phi}_{R_{k+1}}$ 和 $\hat{p}_{R_{k+1}}$ 分别表示机器人从 k 时刻到 $k+1$ 航向和位置的变化量。

算法非线性模型的状态预测方程描述如下:

$$x_{k+1} = f(x_k, {}^{R_k}\hat{x}_{R_{k+1}} + w_k) \tag{5-107}$$

其中 ${}^{R_k}\hat{x}_{R_{k+1}} = \begin{bmatrix} {}^{R_k}\hat{P}_{R_{k+1}} & {}^{R_k}\hat{\phi}_{R_{k+1}} \end{bmatrix}$ 表示机器人从 k 时刻到 $k+1$ 时刻的变化量预测估计,其中包含零均值的高斯白噪声 $w_k = {}^{R_k}x_{R_{k+1}} - {}^{R_k}\hat{x}_{R_{k+1}}$,$\Phi_k$ 为 w_k 对应的协方差矩阵。对该模型线性化后,线性误差状态预测方程描述如下:

$$\tilde{x}_{k+1|k} = \begin{bmatrix} \Phi_{R_k} & 0_{3*2} \\ 0_{2*3} & I_2 \end{bmatrix} \begin{bmatrix} \tilde{x}_{R_{k|k}} \\ \tilde{P}_{L_{k|k}} \end{bmatrix} + \begin{bmatrix} G_{R_k} \\ 0_{2*2} \end{bmatrix} w_k \triangleq \Phi_k \tilde{x}_{k|k} + G_k w_k \tag{5-108}$$

其中,$\hat{x}$ 描述任意状态变量 x 的估计值,$\tilde{x} = x - \hat{x}$ 描述估计量的误差,状态变量下标的通式为 $l|j$ 形式。$l|j$ 代表利用状态 j 时刻值估算 l 时刻值。0_{m*n} 描述 $m*n$ 阶零阵,I_n 描述 $n \times n$ 单位阵。

Φ_{R_k},G_{R_k} 分别描述关于状态和预测的噪声雅可比矩阵,由状态预测方程获得:

$$\Phi_{R_k} = \begin{bmatrix} I_2 & JC(\hat{\phi}_{R_{k|k}})^{R_k}\hat{p}_{R_{k+1}} \\ 0_{1*2} & 1 \end{bmatrix} = \begin{bmatrix} I_2 & J(\hat{P}_{R_{k+1|k}} - \hat{P}_{R_{k|k}}) \\ 0_{1*2} & 1 \end{bmatrix} \tag{5-109}$$

$$G_{R_k} = \begin{bmatrix} C(\hat{\phi}_{R_{k|k}}) & 0_{2*1} \\ 0_{1*2} & 1 \end{bmatrix} \tag{5-110}$$

其中，$J = \begin{bmatrix} 0 & -1 \\ 1 & 0 \end{bmatrix}$，适用于任何机器人运动模型（独轮车，自行车，阿尔曼模型），具有广义性。

（2）EKF 更新

EKF 更新过程是通过预测方程和观测方程对系统状态变量进行最优估计。预测方程已经在上面进行了说明，观测方程描述的是机器人与周围环境路标相对距离的观测值。在 EKF 更新时，利用预测方程的先验值与当前路标观测的测量值以及测量协方差对机器人位姿状态进行最优估计：

$$z_k = h(x_k) + v_k = h(^{R_k}P_L) + v_k \tag{5-111}$$

其中，$^{R_k}P_L = C^T(\phi_{R_k})(P_L - P_{R_k})$ 表示在 k 时刻，路标相对于机器人的位置。v_k 是具有协方差 R_k 的零均值高斯噪声，h 是任意的测量函数。z_k 是与相对距离和偏转角度相关的测量值，可由测距传感器获得。测量函数是非线性的，首先进行线性化处理。线性测量误差方程描述为：

$$\tilde{z}_k \simeq \begin{bmatrix} H_{R_k} & H_{L_k} \end{bmatrix} \begin{bmatrix} \tilde{x}_{R_{k|k-1}} \\ \tilde{P}_{L_{k|k-1}} \end{bmatrix} + v_k \triangleq H_k \tilde{x}_{k|k-1} + v_k \tag{5-112}$$

H_{R_k}, H_{L_k} 是关于 h 的雅可比矩阵，分别对应机器人位姿和路标位置，表示如下：

$$H_{R_k} = (\nabla h_k)C^T(\hat{\phi}_{R_{k|k-1}}) \times \begin{bmatrix} I_2 & -J(\hat{P}_{L_{k|k-1}} - \hat{P}_{R_{k|k-1}}) \end{bmatrix} \tag{5-113}$$

$$H_{L_k} = (\nabla h_k)C^T(\hat{\phi}_{R_{k|k-1}}) \tag{5-114}$$

其中，∇h_k 代表机器人相对于路标位置间距的雅可比矩阵，通过公式（5-111）在状态估计 $\hat{x}_{k|k-1}$ 上计算偏导数获得。C 和 J 分别通过公式（5-104）和公式（5-109）获得。

在本章节中，我们对上述推导出来的广义 EKF-SLAM 算法公式进行能观测性分析，我们将分析出来的结论与下面的非线性系统在能观测性质方面进行比较。基于这一分析，可以得到与滤波器不一致性相关的一些结论。

（3）非线性 SLAM 系统能观测性分析

根据 Hermann 和 Krener[73] 提出 EKF-SLAM 观测方程的能观测性秩条件，对连续时间条件下的非线性 SLAM 系统进行能观测性分析。机器人位姿状态模型采用公式（5-100）。测量值是路标与机器人之间的相对位置，观测模型采用如下形式表示：

$$z(t) = h(\rho, \psi) \tag{5-115}$$

$$\rho = \parallel P_L - P_R \parallel \tag{5-116}$$

$$\psi = \operatorname{atan} 2(y_L - y_R, x_L - x_R) - \phi_R \tag{5-117}$$

其中,ρ 和 ψ 是机器人与路标的相对距离和相对方位角度。二者之间的相对距离关系表示为 $^R P_L$:

$$^R P_L = \rho \begin{bmatrix} c\psi \\ s\psi \end{bmatrix} \tag{5-118}$$

其中:$c\psi = \cos(\psi), s\psi = \sin(\psi)$。

观测模型列写成如下形式:

$$
\begin{aligned}
z(t) &= C^{\mathrm{T}}(\phi_R(t))(P_L(t) - P_R(t)) \\
&= \begin{bmatrix} c(\phi_R(t))(x_L(t) - x_R(t)) + s(\phi_R(t)) * \\ (y_L(t) - y_R(t)) \\ -s(\phi_R(t))(x_L(t) - x_R(t)) + c(\phi_R(t)) * \\ (y_L(t) - y_R(t)) \end{bmatrix} = \begin{bmatrix} h_1(X) \\ h_2(X) \end{bmatrix}
\end{aligned} \tag{5-119}
$$

针对公式(5-119),采用李导数方法计算能观测矩阵。由计算结果分析可知,n 阶的李导数和一阶的李导数具有线性关系,为计算方便,采用一阶的李导数计算能观测矩阵,去掉全零行,得到观测矩阵表示如下:

$$
\mathrm{d}G^{\mathrm{T}} = \operatorname{span} \begin{bmatrix} s\phi_R & c\phi_R \\ c\phi_R & s\phi_R \\ -c\phi_R\delta x - s\phi_R\delta y & s\phi_R\delta x - c\phi_R\delta y \\ -s\phi_R & -c\phi_R \\ c\phi_R & -s\phi_R \end{bmatrix} \tag{5-120}
$$

其中:$\delta x \triangleq x_L - x_R, \delta y \triangleq y_L - y_R$。

式(5-120)的一个基础解系为:

$$
K = \begin{bmatrix} 1 & 0 & -y_R \\ 0 & 1 & x_R \\ 0 & 0 & 1 \\ 1 & 0 & -y_L \\ 0 & 1 & x_L \end{bmatrix} \tag{5-121}
$$

式(5-120)是一个非满秩矩阵,具有三个不可观测自由度,机器人在全局坐标系下的状态向量(位置与方向)在 SLAM 系统方程中是不可观测的。

（4）EKF-SLAM 能观测性分析

由式(5-120)可知,非线性 SLAM 系统观测方程具有三个不可观测自由度,应用 EKF 算法对 SLAM 系统线性化后,理论上线性化后的 SLAM 系统应仍然具有三个不可观测自由度。分别对理想 EKF-SLAM 系统和传统 EKF-SLAM 系统观测方程的观测矩阵维数进行分析。

采用观测矩阵对时变的线性化误差状态系统进行能观测性分析,k 时刻到 $k+i$ 时刻的观测矩阵定义为:

$$N = \begin{bmatrix} H_k \\ H_{k+1}\Phi_k \\ \cdots\cdots \\ H_{k+i}\Phi_{k+i-1}\Phi_{k+i-2}\cdots\Phi_k \end{bmatrix} = \begin{bmatrix} H_{R_k} & H_{L_k} \\ H_{R_{k+1}}\Phi_k & H_{L_{k+1}} \\ \cdots & \cdots \\ H_{R_{k+i}}\Phi_{k+i-1}\cdots\Phi_k & H_{L_{k+i}} \end{bmatrix}$$

$$= \mathrm{Diag}(H_{L_k},\cdots,H_{L_{k+i}}) \times \underbrace{\begin{bmatrix} H_{L_k}^{-1}H_{R_k} & I_2 \\ H_{L_{k+1}}^{-1}H_{R_{k+1}}\Phi_k & I_2 \\ \vdots & \vdots \\ H_{L_{k+i}}^{-1}H_{R_{k+i}}\Phi_{k+i-1}\cdots\Phi & I_2 \end{bmatrix}}_{M}$$

$$= W(x_{k|k-1}^*, x_{k|k}^* \cdots, x_{k+i|k+i-1}^*, x_{k+i|k+i}^*) \tag{5-122}$$

Diag(·)是一个区块对角阵。当且仅当局部观测矩阵 N 是满秩矩阵时,系统从 k 到 $k+i$ 时刻是局部能观的。矩阵 Diag($H_{L_k},\cdots,H_{L_{k+i}}$)是非奇异的,显而易见,Rank($N$)=Rank($M$),矩阵 N 和 M 具有相同的秩,因此,分析矩阵 M 与分析矩阵 N 具有相同的意义。同时根据式(5-122)也可以得到观测矩阵是一个关于线性点的函数,线性点选取精度对 EKF 线性误差状态方程的能观测性产生影响。

① 理想 EKF-SLAM

在理想情况下,EKF-SLAM 线性点取值为系统状态变量的真实值,有

$$\Phi_{R_{k+i-1}}\cdots\Phi_{R_{k+1}}\Phi_{R_k} = \begin{bmatrix} I_2 & J(P_{R_{k+i}} - P_{R_k}) \\ 0_{1*2} & 1 \end{bmatrix} \tag{5-123}$$

其中,Φ_{R_k} 和 J 的表达式通过公式(4-10)获得,$P_{R_k} = (x_{R_k} \quad y_{R_k})$ 为机器人的实际位置。由此观测矩阵可表示为:

$$H_{L_{k+i}}^{-1}H_{R_{k+i}}\Phi_{R_{k+i-1}}\cdots\Phi_{R_{k+1}}\Phi_{R_k} = \begin{bmatrix} -I_2 & -J(P_L - P_{R_k}) \end{bmatrix} \tag{5-124}$$

$$N = \text{Diag}(H_{L_k}, \cdots, H_{L_{k+i}}) \times \underbrace{\begin{bmatrix} -I_2 & -J(P_L - P_{R_k}) & I_2 \\ -I_2 & -J(P_L - P_{R_k}) & I_2 \\ \vdots & \vdots & \vdots \\ -I_2 & -J(P_L - P_{R_k}) & I_2 \end{bmatrix}}_{M} \quad (5\text{-}125)$$

由此根据 $\text{rank}(M) = 2$ 得 $\text{rank}(N) = 2$。理想 EKF-SLAM 系统的局部观测矩阵秩为 2,具有三个不可观测自由度。

② 传统 EKF-SLAM

传统的 EKF-SLAM 的线性化点取在系统状态变量的最优估计值处,则:

$$\Phi_{R_{k+i-1}} \cdots \Phi_{R_{k+1}} \Phi_{R_k} = \begin{bmatrix} I_2 & J(\hat{P}_{R_{k+i|k+i-1}} - \hat{P}_{R_{k|k}} - \sum_{j=k+1}^{k+i-1} P_{R_j}) \\ 0_{1*2} & 1 \end{bmatrix} \quad (5\text{-}126)$$

其中,$\hat{P}_{R_{k+1|k}}$ 为机器人估计位置,$\Delta P_{R_{k+1}} = \hat{P}_{R_{k+1|k+1}} - \hat{P}_{R_{k+1|k}}$,即 EKF 对机器人位置的修正量。$\Phi_{R_k}$ 和 J 的表达式通过式(5-109)获得。由此观测矩阵可表示为如下:

$$H_{L_{k+i}}^{-1} H_{R_{k+i}} \Phi_{R_{k+i-1}} \cdots \Phi_{R_{k+1}} \Phi_{R_k} = \begin{bmatrix} -I_2 & -J(\hat{P}_{R_{k+i|k+i-1}} - \hat{P}_{R_{k|k}} - \sum_{j=k+1}^{k+i-1} P_{R_j}) \end{bmatrix}$$

$$(5\text{-}127)$$

$$\hat{N} = \text{Diag}(\hat{H}_{L_k}, \cdots \hat{H}_{L_{k+i}}) \times \underbrace{\begin{bmatrix} -I_2 & -J(\hat{P}_{L_{k|k-1}} - \hat{P}_{R_{k|k-1}}) & I_2 \\ -I_2 & -J(\hat{P}_{L_{k+1|k}} - \hat{P}_{R_{k|k}}) & I_2 \\ \vdots & \vdots & \vdots \\ -I_2 & -J(\hat{P}_{L_{k+i|k+i-1}} - \hat{P}_{R_{k|k}} - \sum_{m=k+1}^{k+j-1} \Delta P_{R_m}) & I_2 \end{bmatrix}}_{M}$$

$$(5\text{-}128)$$

根据 $\text{rank}(M) = 3$,得到 $\text{rank}(N) = 3$。则理想 EKF-SLAM 系统的观测矩阵秩为 3,具有两个不可观测自由度。因此传统 EKF-SLAM 算法在估计值位置估算的雅可比矩阵比理想 SLAM 系统中雅可比矩阵的观测维数多了一维,引入虚假信息,导致系统状态估计不一致。

5.2.2　基于一致性研究的 EKF-SLAM 算法

在状态变量的最优估计点处计算雅可比矩阵时,存在于 EKF 算法中的误差状态模型,其能观测子空间的维数高于真实的非线性 SLAM 系统,这将会导致协方差估计减小,从而在 EKF-SLAM 算法中产生状态估计不一致现象。

为了确保不可观测子空间具有合适的维数,为了避免引入错误的可观测方向上的虚假信息,提高状态估计的一致性。

(1) 增加能观测性约束条件的 U 矩阵补偿

定理 5.9　如果 EKF 雅可比矩阵是通过线性点 $x_{k|k}^*, x_{k+1|k}^*$ 计算得到,则表达式为

$\Phi_k = \Phi_k(x_{R_{k+1|k}}^*, x_{R_{k|k}}^*), H_k = H_k(x_{R_{k+1|k}}^*, P_{L_{k+1|k}}^*)$ 满足如下条件:

$$H_{k_0}U = 0, \text{for } l = 0$$
$$H_{k_0+l}\Phi_{k_0+l-1}\cdots\Phi_{k_0}U = 0, \forall l > 0$$

$$(5\text{-}129)$$

通过增加能观测性约束条件,引入 5×3 的满秩矩阵 U,SLAM 系统观测矩阵的秩由 3 降为 2,实现了线性化前后的 SLAM 系统具有相同的不可观测自由度维数。

证明:当 SLAM 系统满足公式(5-129)时,观测矩阵所有行具有相同的不可观测向量个数,该数量与 U 的列数相同。机器人和路标的真实位置在未知环境中不能获得,因此,选取路标和机器人第一次被估计位置分别作为路标和机器人的初始位置,仿照式(5-121),构造 U 矩阵。

当系统观测单一路标时,U 的表达式为:

$$U = \begin{bmatrix} I_2 & J\hat{p}_{R_{k_0|k_0-1}} \\ 0_{1*2} & 1 \\ I_2 & J\hat{p}_{L_{k_0|k_0}} \end{bmatrix}$$

$$(5\text{-}130)$$

仿照式(5-130),当系统同时观测 M 个路标时,U 的表达式为:

$$U = \begin{bmatrix} I_2 & J\hat{p}_{R_{k_0|k_0-1}} \\ 0 & 1 \\ I_2 & J\hat{p}_{L_{1_{k_0}|k_0}} \\ \vdots & \vdots \\ I_2 & J\hat{p}_{L_{M_{k_0}|k_0}} \end{bmatrix}$$

$$(5\text{-}131)$$

式(5-130),式(5-131)中 J 的表达式通过式(5-109)获得。

（2）基于数据融合的路标位置延时状态估计方法

传感器测量误差会降低路标位置的初始估计精度。直接使用此测量数据,会引入较大误差。通过基于数据融合的延时状态估计方法估算路标位置初始值,将提高其计算精度。

机器人在 (x_1,y_1),(x_2,y_2) 两个位置分别观测同一个特征 (x,y),观测值分别为 r_1,r_2。相应观测路标的位置和协方差分别为 $(x_{L_1};y_{L_1})$,P_{L_1} 和 $(x_{L_2};y_{L_2})$,P_{L_2} 定义如下两个圆方程:

$$(x-x_1)^2+(y-y_1)^2-r_1^2=0$$
$$(x-x_2)^2+(y-y_2)^2-r_2^2=0 \tag{5-132}$$

求解:

$$x_p=\frac{\mp(y_2-y_1)r}{d^2}-\frac{(r_2^2-r_1^2)(x_2-x_1)}{d^2}+\frac{x_1+x_2}{2}$$

$$y_p=\frac{\mp(x_2-x_1)r}{d^2}-\frac{(r_2^2-r_1^2)(y_2-y_1)}{d^2}+\frac{y_1+y_2}{2}$$

$$r=\sqrt{((r_2+r_1)^2-d^2)(d^2-(r_2-r_1)^2)} \tag{5-133}$$

$$d^2=(x_2-x_1)^2+(y_2-y_1)^2$$

$$b=\begin{bmatrix}x_p\\y_p\end{bmatrix},B=[P_{L_1}^{-1}+P_{L_2}^{-1}]^{-1}$$

式(5-133)是通过延时状态估计处理后的路标位置。

设定路标初始位置为 P_{L_1},协方差为 C_{L_1},经延时状态估计处理后,路标位置更新为 P'_{L_1},协方差更新为 C'_{L_1}。融合两次的路标位置,得到位置 $P_{L_1}^u$ 及协方差 $C_{L_1}^u$,替换 P_{L_1} 和 C_{L_1},作为新的路标初始值。

$$P_{L_1}^u=[C_{L_1}^{-1}P_{L_1}+C'^{-1}_{L_1}P'_{L_1}]^{-1}$$

$$C_{L_1}^u=[C_{L_1}^{-1}+C'^{-1}_{L_1}]^{-1} \tag{5-134}$$

（3）线性化点最优选取与观测矩阵重构

根据最小化线性化误差最优选取线性化点,该公式表示如下:

$$\min_{x_{R_{k|k}}^*,x_{k+1|k}^*} \| \hat{x}_{R_{k|k}}-x_{R_{k|k}}^* \|^2+\| \hat{x}_{k+1|k}-x_{k+1|k}^* \|^2 \tag{5-135}$$

服从于:

$$P_{L_{k+1|k}}^*-P_{R_{k|k}}^*=\hat{P}_{L_{k_0|k_0}}-P_{R_{k|k-1}}^*+\sum_{j=k_0}^{k-1}\Delta P_{R_j}^* \tag{5-136}$$

其中,$\Delta P_{R_j}^* \triangleq P_{R_{j|j}}^* - P_{R_{j|j-1}}^*$。

选取 x^* 为线性点,采用泰勒级数展开:

$$f(x) = f(x^*) + f'(x^*)(x - x^*) + \frac{f''(\zeta)}{2}(x - x^*)^2 \quad (5\text{-}137)$$

其中,x^* 为线性化取值点,泰勒级数展开式的余项 $R_2(x^*) = \frac{f''(\zeta)}{2}(x - x^*)^2$ 为线性化误差项的变量 ζ 取值范围为:$\zeta \in (x, x^*)$ 或 $\zeta \in (x^*, x)$。

因此,最小化线性化误差等价于:

$$\min\left(\frac{f''(\zeta)}{2}(x - x^*)^2\right) \quad (5\text{-}138)$$

其中,$f''(\zeta)$ 为运动模型的二阶导数,根据二阶导数的几何意义,特征量表征了运动曲线的曲率。考虑到机器人运动轨迹的平滑性,运动曲线的曲率较小,略去 $f''(\zeta)$ 对公式(5-137)的影响,主要考虑 $(x - x^*)^2$ 项:

$$\min\left(\frac{f''(\zeta)}{2}(x - x^*)^2\right) \Leftrightarrow \min((x - x^*)^2) \quad (5\text{-}139)$$

由式(5-139)可知,线性化误差最小化问题转变为求取条件极值问题。

采用拉格朗日方法求解公式(5-139)条件极值问题,获得最优解如下:

① 同时观测单一路标情况:

$$P_{R_{k|k}}^* = \hat{P}_{R_{k|k}} + \frac{\lambda_k}{2}, \phi_{R_{k|k}}^* = \hat{\phi}_{R_{k|k}} \quad (5\text{-}140)$$

$$x_{R_{k+1|k}}^* = \hat{x}_{R_{k+1|k}}, P_{L_{k+1|k}}^* = \hat{P}_{L_{k+1|k}} - \frac{\lambda_k}{2} \quad (5\text{-}141)$$

其中:

$$\lambda_k = (\hat{P}_{L_{k+1|k}} - \hat{P}_{L_{k0|k0}}) - \left(\hat{P}_{R_{k|k}} - P_{R_{k|k-1}}^* + \sum_{j=k_0}^{k-1} \Delta P_{R_j}^*\right) \quad (5\text{-}142)$$

状态方程和观测方程的雅可比矩阵为:

$$\Phi_{Rk}' = \begin{bmatrix} I_{2\times2} & J\left(\hat{P}_{R_{k+1|k}} - \hat{P}_{R_{k|k}} - \frac{\lambda_k}{2}\right) \\ 0 & 1 \end{bmatrix}$$

$$H_{k+1} = (\nabla h_{k+1})C^T(\hat{\phi}_{R_{k+1|k}}) \times \left[-I_2 \quad -J\left(\hat{P}_{L_{k+1|k}} - \hat{P}_{R_{k+1|k}} - \frac{\lambda_k}{2}\right) \quad I_2\right]$$

$$(5\text{-}143)$$

② 同时观测 M 个路标:

$$P^*_{R_{k|k}} = \hat{P}_{R_{k|k}} + \frac{\sum_{i=1}^{M} \lambda_k}{2}, \phi^*_{R_{k|k}} = \hat{\phi}_{R_{k|k}}$$

$$x^*_{R_{k+1|k}} = \hat{x}_{R_{k+1|k}} \tag{5-144}$$

$$P^*_{L_{i,k+1|k}} = \hat{P}_{L_{i,k+1|k}} - \frac{\lambda_{ik}}{2}, \forall i = 1,2,\cdots,M$$

$$\lambda_{1_k} + \sum_{i=1}^{M} \lambda_{i_k} = 2 * (\hat{P}_{L_{1,k+1|k}} - \hat{P}_{L_{1,k_0|k_0}}) - (\hat{P}_{R_{k|k}} - P^*_{R_{k|k-1}} + \sum_{j=k_0}^{k-1} \Delta P^*_{R_j}) = b_1$$

$$\vdots$$

$$\lambda_{M_k} + \sum_{i=1}^{M} \lambda_{i_k} = 2 * (\hat{P}_{L_{M,k+1|k}} - \hat{P}_{L_{M,k_0|k_0}}) - (\hat{P}_{R_{k|k}} - P^*_{R_{k|k-1}} + \sum_{j=k_0}^{k-1} \Delta P^*_{R_j}) = b_M$$

$$\begin{bmatrix} 2I & I & \cdots & I \\ I & 2I & \cdots & I \\ \vdots & \vdots & \ddots & \vdots \\ I & I & \cdots & 2I \end{bmatrix} \begin{bmatrix} \lambda_{1_k} \\ \lambda_{2_k} \\ \vdots \\ \lambda_{M_k} \end{bmatrix} = \begin{bmatrix} b_1 \\ b_2 \\ \vdots \\ b_M \end{bmatrix} \Rightarrow \lambda_k = A^{-1}b \tag{5-145}$$

状态方程和观测方程的雅可比矩阵为:

$$\Phi'_{R_k} = \begin{bmatrix} I_{2\times2} & J(\hat{P}_{R_{k+1|k}} - \hat{P}_{R_{k|k}} - \dfrac{\sum_{i=1}^{M} \lambda_k}{2}) \\ 0 & 1 \end{bmatrix}$$

$$H_{k+1} = (\nabla h_{k+1})C^{\mathrm{T}}(\hat{\phi}_{R_{k+1|k}}) \times \begin{bmatrix} -I_2 & -J\left(\hat{P}_{L_{i,k+1|k}} - \hat{P}_{R_{k+1|k}} - \dfrac{\lambda_{ik}}{2}\right) & I_2 \end{bmatrix} \tag{5-146}$$

从能观测性角度分析,改进后 SLAM 系统的观测矩阵秩由 3 降为 2,与理想非线性 SLAM 系统不可观测自由度个数吻合,解决了由于错误引入方向信息导致观测矩阵秩变化的问题,对保证 EKF-SLAM 过程中状态估计的准确性,具有重要意义。

5.2.3　实验仿真

本实验以 MATLAB 为平台,在 Tim Bailey[74] 等人提供的 EKF-SLAM 平台基础上进行程序设计,实现上述算法功能。仿真基于 $200\ \mathrm{m} \times 200\ \mathrm{m}$ 的室内环境,并且规定了机器人实际期望运动路径。实验中,机器人估计轨迹如图 5-

17 与图 5-18 中较粗曲线所示,机器人上的测距传感器对于同一个路标存在多次观测,通过 U 矩阵补偿构建观测矩阵,采用 EKF 滤波方法进行仿真,仿真结果如图 5-17 和图 5-18 所示。

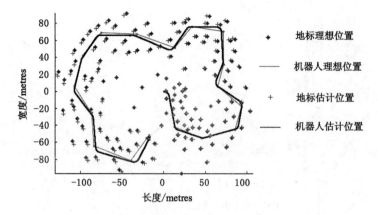

图 5-17　EKF-SLAM 仿真结果

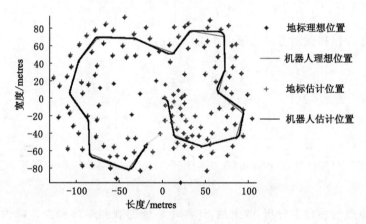

图 5-18　改进 EKF-SLAM 仿真结果

　　为了对比传统算法与本文算法的估算效果,图 5-17 和图 5-18 分别为同一环境条件下采用两种方法进行实验仿真的小车运动路径。在图 5-17、5-18 中,粗线表示机器人的估计路径,细线表示机器人的预计路径。图 5-18 与图 5-17 相比,路标位置的估计值更加靠近路标真实值。采用传统 EKF-SLAM 算法,随着小车不断运动,算法线性化误差不断累计增加,路标位置的观测和小车自身位姿的估计误差不断积累,与预计值的偏离误差较大。而本书提出的算法明显提高了路标位置与机器人位姿的估计精度。由图 5-18 可以看出,改进后的机器人位置估计在拐点处的精确度高于原始算法,对环境中存在的路标位置的预估更加精确。

定义 SLAM 位置误差为 $e_i = \sqrt{(x_i - \hat{x}_i)^2 + (y_i - \hat{y}_i)^2}$,定位的姿态角误差为 $\sigma = |\alpha_i - \hat{\alpha}|$,改进前后的位置误差曲线与角度误差曲线如图 5-19 所示,并随机选取 10 组数据对比,如表 5-1 所示。

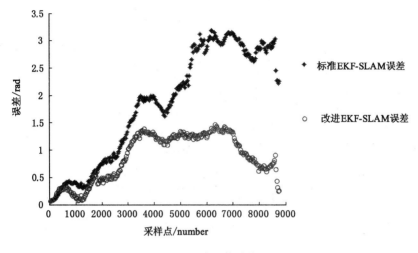

图 5-19 位置估计偏差

表 5-1 机器人位置

采样点	改进 EKF-SLAM 机器人位置估计值	机器人位置真实值	传统 EKF-SLAM 机器人位置估计值
257	[8.0941 ,−15.4633]	[7.9473,−15.5324]	[7.8718,−15.5822]
1715	[88.7619,−41.3923]	[88.9177,−40.9947]	[89.2820,−40.2437]
2143	[89.4099,−11.4540]	[89.4043,−11.0727]	[89.6743,−10.3589]
2981	[72.1018,36.5616]	[71.9704,36.6861]	[72.1413,36.3531]
3517	[67.3184,74.7748]	[67.2614,75.1344]	[67.5108,75.6652]
4326	[16.5103,56.4824]	[16.4536,56.2903]	[16.6166,55.9498]
5587	[−71.5694,68.5867]	[−71.5946,68.8933]	[−71.4920,69.9884]
6859	[−97.9108,−8.7525]	[−97.6722,−10.0481]	[−94.6984,−7.8797]
7451	[−85.3281,−49.5119]	[−84.6132,−50.7081]	[−87.1346,−52.2907]
8495	[−29.8279,−70.3299]	[−28.6983,−70.8057]	[−32.2750,−72.1444]

从图 5-19 和表 5-1 中可以看出,本书所提算法的位置偏差明显低于传统

EKF-SLAM 算法中获得的位置偏差。由此表明,附加的能观测性限制及初始化有效地提高了机器人位置的估计精度。

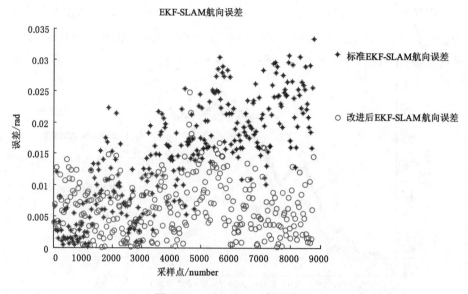

图 5-20　EKF-SLAM 航向偏差

表 5-2　机器人航向

采样点	改进 EKF-SLAM 机器人航向估计值(rad)	机器人航向真实值(rad)	传统 EKF-SLAM 机器人航向估计值(rad)
257	−1.3481	−1.3503	−1.3582
1715	0.7737	0.7797	0.7866
2143	2.1941	2.1882	2.1790
2981	1.4555	1.4511	1.4383
3517	2.2332	2.2325	2.2288
4326	−2.2025	−2.2085	−2.2232
5587	3.1070	3.1083	3.0979
6859	−0.9545	−0.9587	−0.9790
7451	−1.5257	−1.5177	−1.5551
8495	0.9752	0.9801	0.9504

　　Huang 等人指出:姿态角估计误差是导致机器人 EKF-SLAM 不一致的主要因素[75-77]。从图 5-20 和表 5-2 中可以看出,本文所提算法的航向偏差明显低

于传统 EKF-SLAM 算法中获得的航向偏差。由此表明,附加的能观测性限制及初始化有效地提高了机器人航向角的估计精度。改善了传统 EKF-SLAM 中存在的状态估计不一致问题。

机器人状态协方差是衡量估计精度的重要指标,随机选取 10 组本书算法和 EKF-SLAM 算法的机器人状态协方差进行比较,如表 5-3 所示。

表 5-3　机器人状态协方差

采样点	增加能观测性约束条件 EKF-SLAM	传统 EKF-SLAM
235	$[0.0019, 0.0018, 1.4296e-5]$	$[0.0049, 0.0025, 0.0000]$
1303	$[0.0051, 0.0051, 3.5633e-5]$	$[0.0589, 0.1028, 0.0001]$
2060	$[0.0092, 0.0096, 3.1960e-5]$	$[0.0413, 0.2725, 0.0001]$
2897	$[0.0256, 0.0109, 2.6077e-5]$	$[0.2368, 0.1480, 0.0001]$
3442	$[0.0394, 0.0121, 4.0189e-5]$	$[0.6548, 0.1469, 0.0001]$
4373	$[0.0364, 0.0248, 3.5920e-5]$	$[0.4350, 0.2142, 0.0001]$
5888	$[0.0409, 0.0602, 2.4156e-5]$	$[0.4479, 1.9581, 0.0002]$
6760	$[0.0553, 0.0625, 3.0884e-5]$	$[0.5332, 2.2095, 0.0002]$
7559	$[0.0703, 0.0676, 4.2397e-5]$	$[1.4659, 1.6024, 0.0002]$
8742	$[0.0095, 0.0099, 2.5856e-5]$	$[0.0753, 0.0452, 0.0001]$

从表 5-3 可以看出,本书提出的算法减小了机器人的协方差矩阵,即降低了机器人位置估计的不确定性,估计精度高于传统 EKF-SLAM。

第6章 基于粒子滤波的 SLAM

6.1 基本算法理论

6.1.1 粒子滤波基本原理

粒子滤波[78-81]的主要思想是：在贝叶斯滤波算法的基础上，通过蒙特卡洛采样模拟的方法，应用序贯重要性采样算法抽取一组随机样本(粒子)，随着观测值的陆续到来，不断调整粒子的权重和位置，并修正更新先验分布，最后得到目标函数的后验概率分布，然后根据相应的估计准则获得最新的状态值。根据统计学上的大数定理，当样本足够多时，估计结果近似于目标函数的真实后验概率密度函数。该技术适应于任何能用状态空间模型描述的系统，尤其在其他方法不能处理的非线性非高斯条件下，具有得天独厚的优势。

（1）序贯重要性采样算法

序贯重要性采样算法(SIS)是粒子滤波算法的核心，将统计学中的知识应用到实际滤波当中[82-83]。此算法先通过重要性函数估计系统的先验分布，当测量出新的观测值时再根据似然函数估计系统的后验分布。

假设重要性概率密度函数可以分解为

$$q(x_{0:k} \,|\, y_{1:k}) = q(x_{0:k-1} \,|\, y_{1:k-1}) q(x_k \,|\, x_{0:k-1}, y_{1:k}) \tag{6-1}$$

设系统状态是一个马尔科夫过程，且给定系统状态下各次观测独立，则

$$p(x_{0:k}) = p(x_0) \prod_{i=1}^{k} p(x_i \,|\, x_{i-1}) \tag{6-2}$$

$$p(y_{1:k} \,|\, x_{1:k}) = \prod_{i=1}^{k} p(y_i \,|\, x_i) \tag{6-3}$$

后验函数的递归形式为

$$p(x_{0:k} \,|\, Y_k) = \frac{p(y_k \,|\, x_{0:k}, Y_{k-1}) p(x_{0:k} \,|\, Y_{k-1})}{p(y_k \,|\, Y_{k-1})}$$

$$= \frac{p(y_k \mid x_{0:k}, Y_{k-1}) p(x_k \mid x_{0:k-1}, Y_{k-1}) p(x_{0:k-1} \mid Y_{k-1})}{p(y_k \mid Y_{k-1})}$$

$$= \frac{p(y_k \mid x_k) p(x_k \mid x_{k-1}) p(x_{0:k-1} \mid Y_{k-1})}{p(y_k \mid Y_{k-1})} \tag{6-4}$$

粒子权值的递归形式可以表示为：

$$w_k(x_{0:k}) = \frac{p(y_{1:k} \mid x_{0:k}) p(x_{0:k})}{q(x_{0:k} \mid y_{1:k})}$$

$$= \frac{p(y_{1:k-1} \mid x_{0:k-1}) p(y_k \mid x_k) p(x_{0:k-1}) p(x_k \mid x_{k-1})}{q(x_{0:k} \mid y_{1:k})}$$

$$= \frac{p(y_{1:k-1} \mid x_{0:k-1}) p(x_{0:k-1}) p(y_k \mid x_k) p(x_k \mid x_{k-1})}{q(x_{0:k-1} \mid y_{1:k-1}) q(x_k \mid x_{k-1}, y_{1:k})}$$

$$= w_{k-1}(x_{0:k-1}) \frac{p(y_k \mid x_k) p(x_k \mid x_{k-1})}{q(x_k \mid x_{k-1}, y_{1:k})} \tag{6-5}$$

若 $q(x_k \mid x_{0:k-1}, y_{1:k}) = q(x_k \mid x_{k-1}, y_k)$，则建议分布函数仅与当前时刻的 x_k 和 y_k 有关，而不依赖于粒子状态及观测值的历史信息，从而权值递推公式可写为：

$$w_k^i \propto w_{k-1}^i \frac{p(y_k \mid x_k^i) p(x_k^i \mid x_{k-1}^i)}{q(x_k^i \mid x_{k-1}^i, y_k)} \tag{6-6}$$

进行权值归一化处理后，则后验函数 $q(x_k \mid y_{1:k})$ 可近似表示为：

$$q(x_k \mid y_{1:k}) \approx \sum_{i=1}^{N} \widetilde{w}_k^i \delta(x_k - x_k^i) \tag{6-7}$$

SIS 算法是从重要性函数中进行随机抽样，得到带有权值的粒子，然后根据最新的观测值，重新调整粒子及其权值，最后采用加权和的方式表示系统的状态，描述其后验概率密度函数。

$$\hat{x}_k = \sum_{i=1}^{N} x_k^i \cdot \widetilde{w}_k^i \tag{6-8}$$

SIS 算法的伪代码如下：

SIS 算法

$[\{x_k^i, w_k^i\}_{i=1}^N] = \mathrm{SIS}[\{x_{k-1}^i, w_{k-1}^i\}_{i=1}^N, y_k]$

for i＝1:N

　　采样：$x_k^i \sim q(x \mid x_{k-1}^i, y_k)$

　　权值计算：$\widetilde{w}_k^i = w_{k-1}^i \dfrac{p(y_k \mid x_k^i) p(x_k^i \mid x_{k-1}^i)}{q(x_k^i \mid x_{k-1}^i, y_k)}$

end

权值和计算:$S=SUM\big[\,\{\widetilde{w}_k^i\}_{i=1}^N\,\big]$

for i=1:N

权值归一化:$w_k^i=S^{-1}\widetilde{w}_k^i$

end

在实际中为了计算的准确性,尽量使粒子权值的方差越小越好,但是序贯重要性采样算法的本质特点,决定着它必然会造成粒子权值的退化[84]。即重要性权值的方差随着时间是递增的,直接的表现是经过多次迭代后,权值集中在少数几个粒子上。最终可能仅有一个粒子权值趋于 1,其他粒子权值都趋于 0,几乎可以忽略不计,导致粒子集不能有效表示系统的状态。

通常采用有效粒子数 N_{eff} 来表示算法的退化情况,即

$$N_{eff}=N/(1+var(w_k^{*i}))\qquad(6-9)$$

$$w_k^{*i}=\frac{p(x_k^i\,|\,y_{1:k})}{q(x_k^i\,|\,x_{k-1}^i,y_{1:k})}\qquad(6-10)$$

N_{eff} 越小,退化越严重。在实际中,N_{eff} 可以近似为

$$\hat{N}_{eff}\approx\frac{1}{\sum\limits_{i=1}^N(w_k^i)^2}\qquad(6-11)$$

进行粒子滤波计算时,若 N_{eff} 小于阈值,算法精度很低,则需要采用某些方法来解决这个问题,而最简单的方法就是增加粒子 N,但这样,计算效率会降低,所以一般不采用这种方法来增大 N_{eff}。而为了解决退化问题,一种解决方案就是挑选一个精准的重要性函数[85]。另一种解决粒子退化问题的策略是采用重采样方法,其核心思想是抑制或剔除权值小的粒子,对于大权值粒子则依其权值大小进行复制,从而把粒子按照权值的大小进行分配以保证每个粒子都对系统的总体分布起到一个指导作用。

(2)重要性概率密度函数

在很多情况下,后验密度函数可能是多变量、高维、多峰、非标准、非解析的,因而很难直接从这样的密度函数中采样粒子,为此引入了重要性采样。重要性采样的基本思路是避开较难采样的概率密度函数 $p(x_k\,|\,y_{1:k})$,转而从另一易于采样的密度函数 $p(x_k\,|\,y_{1:k})$ 中进行采样,该密度函数被称为重要性概率密度函数[86]。

重要性概率密度函数的选择是粒子滤波算法的核心,直接影响滤波效果。在实际中,常常将转移函数 $p(x_k\,|\,x_{k-1})$ 作为重要性函数进行采样计算。此时,粒子的权值为:

$$w_k^i = w_{k-1}^i \, p(y_k \mid x_k^i) \tag{6-12}$$

转移函数计算简单,使用方便,但其精度低,用它进行重要性采用时,忽略了最新的观测值,使其估计值与状态真值之间有很大的偏差。

而好的重要性密度函数要满足的根本条件是减少粒子权值的退化,即使粒子权值的方差最小。最优的重要性函数可表示为:

$$
\begin{aligned}
q(x_k^i \mid x_{k-1}^i, y_k) &= p(x_k^i \mid x_{k-1}^i, y_k) \\
&= \frac{p(y_k \mid x_k^i, x_{k-1}^i) \, p(x_k^i \mid x_{k-1}^i)}{p(y_k \mid x_{k-1}^i)} \\
&= \frac{p(y_k \mid x_k^i) \, p(x_k^i \mid x_{k-1}^i)}{p(y_k \mid x_{k-1}^i)}
\end{aligned}
\tag{6-13}
$$

此时,粒子的权值为:

$$w_k^i = w_{k-1}^i \, p(y_k \mid x_{k-1}^i) \tag{6-14}$$

以 $p(x_k^i \mid x_{k-1}^i, y_k)$ 作为重要性函数,可以直接进行采样。此外,当 x_k 是有限的离散状态或者 $p(x_k^i \mid x_{k-1}^i, y_k)$ 是高斯函数时,$p(y_k \mid x_{k-1}^i)$ 才有具体的解析解。但实际上求取最优重要性函数与直接求后验函数的难度类似。从最优重要性函数等式的表示中可以看出,其主要是通过采样粒子与最新的观测量来近似系统的状态方程[87]。因此,在实际计算中,在找到容易采样的重要性函数后,应实时依靠最新的观测量,移动粒子使其尽可能分布在似然函数的最大值周围。

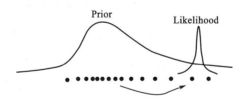

图 6-1　将粒子移动至似然函数的极值区域

然而,重要性函数由于没有考虑最新的观测信息,导致所抽取的样本与从系统真实状态后验概率分布的样本仍存在较大的偏差。当似然函数处于先验分布的尾部或似然很窄(观测精度较高)时,这种偏差尤为明显。因此,最优的建议分布应当能最小化重要性权值的方差、充分考虑系统最新的观测信息,将粒子移动到高似然区[88]。

6.1.2　标准粒子滤波算法 (SIR)

由于 SIS 算法固有的退化问题。1993 年 Gordon 等为了克服 SIS 算法中的样本退化问题,首次将重采样步骤引入 SIS 算法,并由此产生了基本的粒子滤波算法——sequential importance resampling(SIR),也被称为标准粒子滤波算法[89]。SIR 算法选择系统状态转移概率密度函数作为重要性概率密度函数,在 SIS 算法的基础上增加了重采样步骤,由预测、更新和重采样三部分组成。

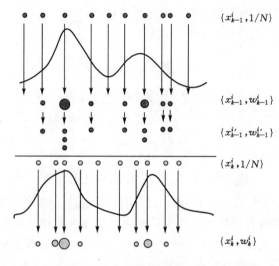

$$\{x_{k-1}^i, 1/N\}$$

$$\{x_{k-1}^i, w_{k-1}^i\}$$

$$\{x_{k-1}^{i'}, w_{k-1}^{i'}\}$$

$$\{x_k^i, 1/N\}$$

$$\{x_k^i, w_k^i\}$$

图 6-2　SIR 算法示意图

该图描述了粒子滤波算法包含的预测,更新和重采样三个步骤。$k-1$ 时刻通过前验分布产生 N 个独立同分布的粒子集 $\left\{x_{k-1}^i, i=1,2,\cdots,N, w_{k-1}^i=\dfrac{1}{N}\right\}$,再通过 $k-1$ 时刻的最新观测值组成似然函数,调整粒子权值。当有效粒子数小于系统阈值时,进行重采样。舍弃权值小的粒子,将大权值的粒子进行复制,生成最终的粒子集 $\left\{x_{k-1}^i, i=1,2,\cdots,N, w_{k-1}^i=\dfrac{1}{N}\right\}$。

标准的粒子滤波算法流程为:

(1) 粒子集初始化,$k=0$:

对于 $i=1,2,\cdots,N$,由先验分布 $p(x_0)$ 生成采样粒子 $\{x_0^i\}_{i=1}^N$。

(2) 对于 $k=1,2,\cdots$,循环执行以下步骤:

① 重要性采样:对于 $i=1,2,\cdots,N$,从重要性函数中进行随机抽样 $\{x_k^i\}_{i=1}^N$,权值为 w_k^i,然后对权值进行归一化处理;

② 重采样:计算有效粒子数 N_{eff},若 $N_{eff} < N_{th}$ 对 $\{x_k^i, w_k^i\}$ 进行重采样,重采样后的粒子集 $\{x_k^i, 1/N\}$;

③ 输出：计算 k 时刻的状态估计值：$x_k = \sum_{i=1}^{N} x_k^i w_k^i$。

6.2　重采样算法研究

由于在实际的非线性系统中，递推贝叶斯估计往往很难求出后验概率密度的封闭解析解，直接从后验概率分布中抽取样本显得更为困难。因此，如何得到符合系统状态真实后验概率分布的样本，即如何设计优良的重要性分布函数和选择最佳的重采样方法是影响粒子滤波算法性能的关键。

6.2.1　重采样算法的原理

粒子滤波算法中存在的权值退化问题是无法避免的，而粒子退化现象严重影响了粒子滤波方法的估计性能，表现为经过若干次迭代后，粒子集中只有少数粒子具有很大的权值，而其余粒子的权值都可以忽略不计，从而使得粒子集不能有效表达状态的后验概率密度分布，导致滤波性能下降甚至发散[90]。引起粒子退化的主要原因是：在实际问题中不可能采样无限的粒子，而当先验密度分布与似然函数的重叠部分较少时，随着时间传播，有限个采样粒子中的大部分经过观测更新后的权值会变得很小；加之由于计算机具有运算字长的限制以及存在截断误差的影响，使得这些粒子的权值将很快变为零，从而产生了粒子权值的退化现象。为了缓解退化现象，这里引入了重采样步骤[91-92]。

重采样算法就是对不满足有效粒子数的粒子集进行重新映射，舍弃权值小的粒子，复制权值大的粒子，即在 $p(\hat{x}_k^i = x_k^i)$ 的条件下 $w_k^i \{\hat{x}_k^i, 1/N\}_{i=1}^N$，$i \in \{1, 2, \cdots, N\}$，$N$ 为粒子总数。

重采样算法的原理是以积分变换为基础，假设分布函数为连续型的。$F^{-1}(u)$ 是 $F(x)$ 的反函数，其中 $u \in [0,1]$；若随机变量 U 为均匀分布，那么 $X = F^{-1}(U)$ 和 X 有相同的分布：

$$P(X \leqslant x) = P(F^{-1}(U) \leqslant x) = P(U \leqslant F(X)) \tag{6-15}$$

若随机变量为离散分布的，则累积概率分布函数（Cumulative Density Function，CDF）如下[93]：

$$F(x) = P(X \leqslant x) = \sum p(x_i) \tag{6-16}$$

为了实现逆变法，先将 $[0,1]$ 区间分为 n 个子区间：

$$(o, p(x_1)], (p(x_1), p(x_1) + p(x_2)], \cdots, (\sum_{i=1}^{n-1} p(x_i), \sum_{i=1}^{n} p(x_i)] \quad (6\text{-}17)$$

变量落在哪一区间,就对应为此区间上的变量。

基于上述的原理,通过重采样算法修正 $P(x_k \mid y_{1:k})$。

已知重采样前的后验概率密度为:

$$P(x_k \mid y_{1:k}) = \sum_{i=1}^{N} w_k^i \delta(x_k - x_k^i) \quad (6\text{-}18)$$

通过逆变法表示的重采样后的概率密度为:

$$\hat{P}(x_k \mid y_{1:k}) = \sum_{i=1}^{N} \frac{1}{N} \delta(x_k - \hat{x}_k^i) = \sum_{i=1}^{N} \frac{N_i}{N} \delta(x_k - x_k^i) \quad (6\text{-}19)$$

其中,N_i 表示为重采样后的粒子集 $\{x_k^i\}_{i=1}^{N}$ 中 x_k 被复制的次数。

那么,对任意函数而言,当 $N \to \infty$ 时,

$$E\left[\left(\int f(x) p(x_k \mid y_{1:k}) dx - \int f(x) p(x_k \mid y_{1:k}) dx \right)^2 \right] \xrightarrow{N \to \infty} 0 \quad (6\text{-}20)$$

从概率论的角度理解,重采样过程中粒子的选择输出可称为一个事件,因此重采样的过程就是依据粒子权值对粒子集的组成进行重新选择排列的过程,其权值映射关系可通过图 6-3 表示。

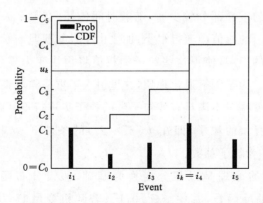

图 6-3　粒子权值映射关系图

重采样公式为:

$$\hat{x}_k^i = x_k(F^{-1}(u_i)) = x_k^i\left(u_i \in \left[\sum_{m=1}^{i-1} x_k^m, \sum_{m=1}^{i} x_k^m\right]\right) \quad (6\text{-}21)$$

重采样步骤如下:

(1) 在[0,1)区间产生均匀分布的随机数

$u_k \sim U[0,1), k = 1, 2, \cdots, N;$

其中 w_k^i 为 k 时刻重采样前的粒子权值,x_k^i 对应的归一化权值,N 为粒子数。

（2）计算 CDF 函数

$$c_i = \Big\{ \sum_{m=1}^{i} w_k^m \Big\}, i = 1, 2, \cdots, N$$

（3）比较 CDF 和随机数,若满足 $c_{i-1} < u_i \leqslant c_i$,

那么,$c_i = \Big\{ \sum_{m=1}^{i} w_k^m \Big\}, i = 1, 2, \cdots, N$。

重采样算法要满足下面的约束条件:

$$\begin{cases} \sum_{i=1}^{N} N_i = N \\ \hat{w}_k^i = \dfrac{1}{N} \\ E(N_i) = N w_k(i) \\ \mathrm{var}(N_i) = N w_k^i (1 - w_k^i) \end{cases}$$

6.2.2　经典重采样算法

基于上述的重采样原理,人们提出了多种重采样算法,典型的重采样算法代表包括多项式重采样算法、分层重采样算法系统重采样算法和残差重采样算法等[94]。

（1）多项式重采样算法

多项式重采样算法奠定了通用重采样算法的基础,之后提出的经典重采样算法都是在此基础上做的改进。多项式重采样算法首先利用重采样之前的粒子权值集合组成一个多项式分布,并从该多项式分布中抽样 N 次得 N 个粒子（粒子序号值都为 $0 - N$ 之间的整数且和等于 N）;然后,令 N_i 表示序号值等于 I 的序号的总个数,分别统计各序号值相等的序号的总个数[95];最后,复制 N_i 次到一个新粒子集合中,该新粒子集合就是重采样后得到的粒子集合,并且新粒子集合中每个粒子的权值等于 $1/N$。该算法的执行步骤如下所示:

① 从多项式分布 $Mult(N; w_k^1, w_k^2, \cdots, w_k^N)$ 中抽样得到 $\{N\}_{i=1}^N$

从区间为 $(0,1]$ 的均匀分布上抽样得到 N 个独立同分布的样本点 $\{u(i)\}_{i=1}^N$。

定义序号函数 $D(\cdot)$ 如下（其中 $i, m = 1, 2, \cdots, N$）:

$D(u(i)) = m$，如果 $u(i) \in \left(\sum\limits_{j=1}^{m-1} w_k^i, \sum\limits_{j=1}^{m} w_k^i \right]$，将集合 $\{u(i)\}_{i=1}^{N}$ 中各 $u(i)$ 代入上式计算得到序号集合 $\{D(u(i))\}_{i=1}^{N}$，统计各序号值相等的序号的总个数，从而得到 $\{N_i\}_{i=1}^{N}$。

② 将各 x_k^i 复制 N_i 次到新粒子集合组成重采样后的粒子集合，且每个粒子的权值赋值为 $1/N$。

多项式重采样在一定程度上缓解了粒子退化问题，缺点是均匀分布随机数的排列仍然是无序随机的，因此在实现重采样时，计算量较大，且最终的重采样后的粒子方差 $\mathrm{var}(N_i)$ 较大。

（2）分层重采样

分层重采样算法是基于多项式重采样算法的改进算法，它所得到的粒子权值方差小于多项式重采样算法。分层重采样采用分层统计的思想[96]，将区间 $(0,1]$ 划分为 N 个连续且不重合的子区间，在每个子区间上按均匀分布进行一次抽样，共得到 N 个样本点 $\{u(i)\}_{i=1}^{N}$。分层重采样算法的执行步骤如下所示：

① 将区间 $(0,1)$ 划分为 N 个连续且不重合的子区间，即

$$(0,1] = \left(0, \frac{1}{N} \right] \cup \left(\frac{1}{N}, \frac{2}{N} \right] \cup \cdots \cup \left(\frac{N-1}{N}, 1 \right]$$

在上述每个子区间上按均匀分布各进行一次抽样，共得到 N 个样本点 $\{u(i)\}_{i=1}^{N}$；再同多项式重采样算法一样，得到 $\{N_i\}_{i=1}^{N}$。

② 将各 x_k^i 复制 N_i 次到新粒子集合组成重采样后的粒子集合，且每个粒子的权值赋值为 $1/N$。

分层重采样中的随机数为增序排列，从而能够把粒子限定在不同的子区间内，由于样本在每层中的位置不同，因此产生的随机数仍然满足相互独立关系。

（3）系统重采样

系统重采样算法是分层重采样算法的改进算法，使样本在每层中具有相同的位置，即产生的随机数之间不再相互独立，而是具有最小的位置差别。在系统重采样算法中，抽样得到的 N 个样本点 $\{u(i)\}_{i=1}^{N}$ 之间存在一定的确定性关系。这使其计算量小于分层重采样算法[97]。系统重采样算法的执行步骤如下所示：

① 在区间为 $(0,1/N)$ 的均匀分布中抽取一个样本 U，按下式可计算得到 $\{u(i)\}_{i=1}^{N}$：

$$u(i) = \frac{i-1}{N} + U, i = 1, 2, \cdots, N$$

再同多项式重采样算法一样，得到 $\{N_i\}_{i=1}^N$。

② 将各 x_k^i 复制 N_i 次到新粒子集合组成重采样后的粒子集合，且每个粒子的权值赋值为 $1/N$。

由于抽样得到的样本点之间存在一定的确定性关系，实际应用中分层重采样算法和系统重采样算法对粒子序号的排序较为敏感，而多项式重采样算法则对粒子序号的排序不敏感。

上述三种重采样算法的原理图如图 6-4 所示：

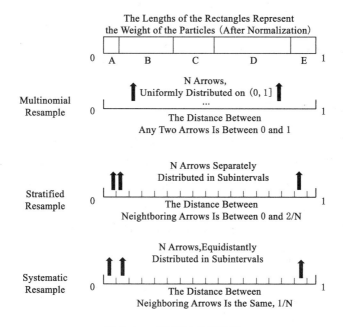

图 6-4　三种算法的原理图

（4）残差重采样

残差重采样的思想与以上三种经典重采样算法稍有不同，残差重采样算法在多项式重采样算法的基础上进行了改进，用"残余粒子数"修正原采样粒子集中大权重粒子的复制次数降低了算法的计算量，并且重采样后粒子的方差小于多项式重采样算法[98]。残差重采样算法的执行步骤如下所示：

① 从多项式分布 $Mult(N;w_k^1,w_k^2,\cdots,w_k^N)$ 中抽样得到 $\{N\}_{i=1}^N$

其中

$$R = \sum_{i=1}^{N} \lfloor Nw_k^i \rfloor$$

$$w_k = \frac{Nw_k^i - \lfloor Nw_k^i \rfloor}{N - R}$$

这里，$i = 1, 2, \cdots, N$，$\lfloor\ \rfloor$ 表示 $Nw_k(i)$ 的整数部分。令 $N_i = \lfloor Nw_k^i \rfloor + N_i$，得到 $\{N_i\}_{i=1}^N$；

② 将各 x_k^i 复制 N_i 次到新粒子集合中组成重采样后的粒子集合，并且给每个粒子的权值赋值为 $1/N$。

由上述步骤① 可见，残差重采样算法只需在多项式分布上抽样 $N - R$ 次。与多项式重采样算法相比，其计算量大大降低。

6.3　高斯辅助粒子滤波算法研究

6.3.1　重要性函数分布研究

标准粒子滤波算法通常选择转移概率密度函数作为重要性概率密度函数，没有考虑最新观测数据所提供的信息，从而使抽取的样本与真实后验分布产生的样本存在一定的偏差[99]，特别是当观测模型具有较高的精度或预测先验与似然函数之间重叠部分较少时，这种偏差尤为明显。

为了提高粒子滤波算法的精度，选择最优的重要性函数是非常重要的。

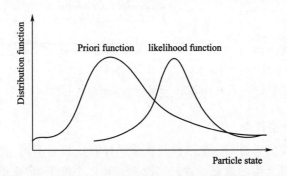

图 6-5　似然函数位于先验分布的尾部

6.3.2　辅助粒子滤波算法

根据最优重要性概率密度函数要求，在预测下一时刻的粒子集时，不但要参考已有的粒子还要考虑最新的观测粒子。理想的状态是将即时的观测值信息引入到重要性概率密度函数当中,如此不但可以提高滤波效率,也充分运用了当前的观测量框架。为此,提出了辅助粒子滤波算法[100],引入了一个辅助变量,充分利用系统当前时刻的观测值,对 k 时刻的重要性函数进行相应调整,使系统分布更合理,更贴近真实状况。

辅助粒子滤波的重要性概率密度函数为:

$$q(x_k \mid x^i_{0:k-1}, y_{1:k}) = w^i_{k-1} p(y_k \mid u^i_k) p(x_k \mid x^i_{k-1}) \qquad (6\text{-}22)$$

其中,辅助变量 u^i_k 代表在给定 $x_{k-1} = x^i_{k-1}$ 下 x_k 的某些特征,通常是 x_k 的均值

$$u^i_k = E[x_k \mid x^i_{k-1}]。 \qquad (6\text{-}23)$$

也可以是 $p(x_k \mid x_{k-1})$ 中的一个随机量,即 $u^i_k \sim p(x_k \mid x^i_{k-1})$。

而利用上述重要性概率密度抽样得到的粒子集合表示为 $\{x^i_k, j^i\}$,其中 j^i 代表 $k-1$ 时刻粒子的序号,x^i_k 代表由粒子 $x^{j^i}_{k-1}$ 经过系统状态转移方程得到的粒子。x^i_k 的权值 w^{*i}_k 如下:

$$w^{*i}_k = \frac{p(y_k \mid x^i_k)}{p(y_k \mid u^i_k)} \qquad (6\text{-}24)$$

辅助粒子滤波算法(Auxiliary particle filter algorithm,APF)策略如下:

① 粒子集初始化:$k=0$,由先验 $p(x_0)$ 生成采样粒子 $\{x^i_0\}^N_{i=1}$;

② 当 $k=1,2,3,\cdots,N$ 计算每个粒子的辅助变量 u^i_k:$u^i_k = E[x_k \mid x^i_{k-1}]$,$i=1,2,\cdots,N$;

③ 计算粒子索引集合,重采样得到 $\{i^j\}$,计算辅助变量的相应权值 π^{*i}_k:$\pi^{*i}_k = w^i_{k-1} p(y_k \mid u^i_k)$,其归一化权值 π^i_k 如下:

$$\pi^i_k = \frac{\pi^{*i}_k}{\sum\limits^N_{i=1} \pi^{*i}_k}, i = 1,2,\cdots,N;$$

④ 预测粒子状态值 $x^i_k \sim p(x_k \mid x^j_{k-1})$,$i=1,2,\cdots,N$;

⑤ 计算 x^i_k 的权值及其归一化权值 w^i_k;

⑥ 状态估计

$$\hat{x}_k = \sum^N_{i=1} w^i_k x^i_k$$

⑦ 计算有效粒子数 N_{eff},如果 $N_{eff} < N_{th}$,N_{th} 为系统阈值,那就继续进行重采样,重采样后新的粒子权值赋值为 $\frac{1}{N}$。

6.3.3　高斯辅助粒子滤波

从粒子滤波的原理可知,当粒子权值变异较大时就需要进行重采样,但过多的重采样又会导致粒子缺乏多样性,最终整个粒子集中的多数粒子都具有相同的状态值,粒子集已不能准确地估计系统的状态。因此,本章提出了一种改进的粒子滤波算法——高斯辅助粒子滤波算法,不但在选取重要性分布函数时考虑到了最新的观测粒子,也改变常规重采样方法只是单纯对大权值粒子进行复制的特点,用高斯变化生成重采样粒子,解决粒子退化问题的同时,调整了重采样后的粒子权值,不但能解决粒子退化问题,也能维持粒子的多样性,使估计的系统状态尽可能逼近真实分布。

高斯重采样粒子可以表示为:

$$\tilde{x}_k^i = x_k^i + G(x_k^i - u_k^i)r \tag{6-25}$$

r 为服从 $N(0,1)$ 的随机数,系数 G 与 $x_k(i)$ 和 $u_k(i)$ 的比较值有关,重采样后的粒子权值可以表示为:

当 $w_{x_k^i} > w_{u_k^i}$ 时

$$\tilde{w}_k^i = w_k^i e^{(x_k'(i) - x_k(i))^2 m} \tag{6-26}$$

当 $w_{x_k^i} < w_{u_k^i}$ 时

$$\tilde{w}_k^i = w_k^i e^{(x_k'(i) - x_k(i))^2 1/m} \tag{6-27}$$

归一化权值

$$w_k^i = \tilde{w}_k^i / \sum_{i=1}^N \tilde{w}_k^i \tag{6-28}$$

高斯辅助粒子滤波算法的算法如下:

① 初始化,对于 $k=0$,由先验 $p(x_0)$ 生成采样 N 个粒子 $\{x_0^i\}_{i=1}^N$,并令其权重值为 $w_0^i = \dfrac{1}{N}$;

② 对于 $k=1,2,3,\cdots,N$ 计算每个粒子的辅助变量,这里采用 $p(x_k|x_{k-1}^i)$ 的条件均值,即 $u_k(i) \sim E\{x_k|x_{k-1}^i\}$;

③ 计算辅助变量的相应权值 π_k^{*i}:$\pi_k^{*i} = w_{k-1}^i p(y_k|u_k^i)$,并计算其归一化权值 $\pi_k(i)$;

④ 计算新的粒子索引集合,依据 $p(i|y_k) \propto p(y_k|u_k^i)w_k^i$ 重采样得到 $\{i^j\}_{j=1}^N$;

⑤ 利用重要性概率密度函数求取 k 时刻的粒子集合,即

$$x_k^i \sim p(x_k \mid x_{k-1}^{i}), i = 1, 2, \cdots, N;$$

⑥ 计算 x_k^i 的权值 $\overline{w}_k^i = \dfrac{p(y_k \mid x_k^i)}{p(y_k \mid u_k^j)}$ 及其归一化权值 $\widehat{w_k^i} = \overline{w}_k^i / \sum\limits_{i}^{N} \overline{w}_k^i$；

⑦ 计算有效粒子数 $N_{eff} = \dfrac{1}{(\sum\limits_{i=1}^{N} \widehat{w_k^i})^2}$，如果 $N_{eff} < N_{th}$，则执行下一步，否则跳到⑨；

⑧ 利用高斯变换进行重采样生成 $\{x_k^i\}_{i=1}^N$，并调整粒子权值；

⑨ 输出结果 $\hat{x}_k' = \max\limits_{X_K}\{p(x_k \mid x_{k-1}^{j})\}$；

⑩ $k = k+1$，返回②。

6.4　基于高斯辅助粒子滤波算法的目标跟踪研究

6.4.1　跟踪模型的建立

为验证所提出的高斯辅助粒子滤波算法的有效性，选择标准粒子滤波算法，辅助粒子滤波算法与本章提出的高斯辅助粒子滤波算法进行比较。

以单变量非平稳增长模型为例：

状态模型

$$x_k = a x_{k-1} + b \frac{x_k}{1 + x_k^2} + c \cos(\mathrm{d}t) + u_k \tag{6-29}$$

观测模型

$$y_k = e x_k^2 + v_k \tag{6-30}$$

以上各个参数：$a = 0.5, b = 25, c = 8, d = 1.2, e = 0.05$，系统噪声 $u_k \sim N(0, 10)$，观测噪声 $u_k \sim N(0,1)$；设置状态初始值 x_0 取为 0.1，状态误差初始值 $C_0 = 10$，设定每次采样粒子数量 $N = 500$，时间长度为 50 个单位，时间步长为 1 个单位，重采样阈值为 $0.7N$。图 6-7 给出的是量测方程和状态方程的模拟时间序列图和相应的状态误差曲线，测量误差曲线。

下面将用标准粒子滤波，辅助粒子滤波算法及本章提出的高斯辅助粒子滤波算法给出其模拟值并对比误差情况，评估算法性能。先着重介绍高斯辅助粒子滤波算法的仿真策略。

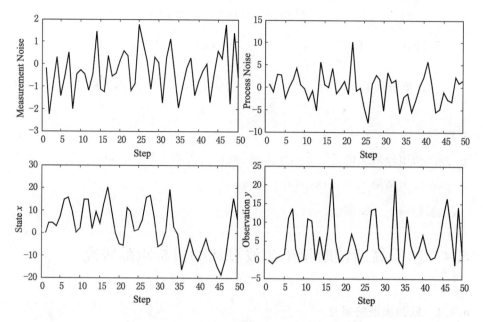

图 6-6 量测方程和状态方程的模拟时间序列图

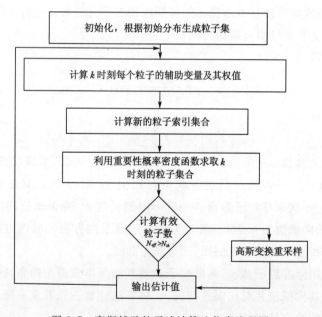

图 6-7 高斯辅助粒子滤波算法仿真流程图

6.4.2　仿真实验

① 初始化,$k=0$,从先验分布中采样,生成 500 个采样粒子,每个粒子权值相同均为 $1/500$,如图 6-8 所示。

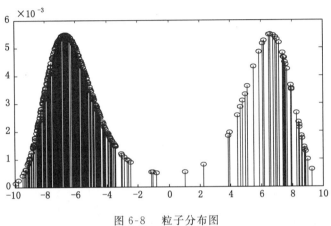

图 6-8　粒子分布图

② 通过辅助粒子滤波方法预测 k 时刻的状态 $x_k^i \sim p(x_k \mid x_{k-1}^i)$,$i=1,2,\cdots$,$N$;及其权值 $w_k^i = \dfrac{p(y_k \mid x_k^i)}{p(y_k \mid u_k^j)}$,如图 6-9 所示。

图 6-9　辅助粒子滤波估计图

用聚类方法对粒子进行处理：

聚类分析：依据采样粒子的特征，对其进行分类的方法，减少研究对象的数目，即将粒子集合分组为由类似的对象组成的多个类的分析过程。聚类分析是一种探索性的分析，在分类的过程中，不必事先给出一个分类的标准，聚类分析能够从样本数据出发，自动进行分类。聚类分析所使用方法的不同，常常会得到不同的结论。

③ 计算有效粒子数 N_{eff}，如果 $N_{eff} < 0.7N$，利用高斯变换进行重采样生成$\{x_k^i, w_k^i\}_{i=1}^N$。

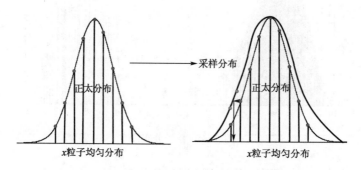

图 6-10　高斯重采样原理图

④ 状态估计

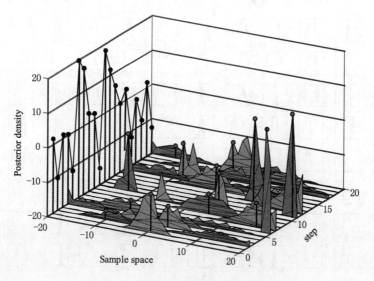

图 6-11　后验概率密度函数状态估计图

仿真结果表明,高斯辅助粒子滤波算法可以准确地估计系统状态,避免了采样粒子的退化和匮乏,有效提高了粒子滤波算法的效率与精度。

(1) 算法线性度对比

图 6-12 和图 6-13 为标准粒子滤波算法("＋"),辅助粒子滤波("o"),高斯辅助粒子滤波曲线("＊")估计出的模拟量的对比图,图 6-12 显示的是将条件均值作为系统状态的估计值时的线性度,图 6-13 显示的是将极大后验概率密度作为系统状态的估计值时的线性度。由图 6-12 和图 6-13 可知,状态估计中粒子采用极大后验概率密度方法比条件均值统计方法的精度高。

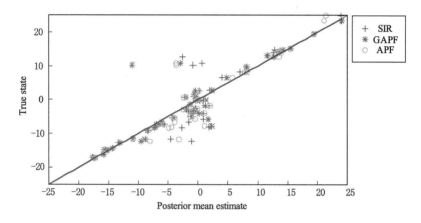

图 6-12 三种算法的期望值统计方法的状态估计线性度比较

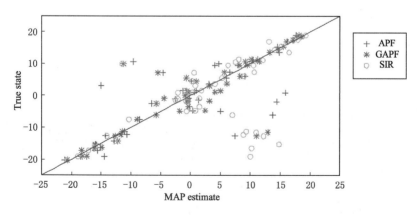

图 6-13 三种算法的最大概率值统计方法的状态估计线性度比较

通过三种方法的对比可以看出,标准粒子滤波方法效果最差,离真值的差异最大,高斯辅助粒子滤波算法与常规的辅助粒子滤波算法相比有所改进,估计值距离真值的差异也在减小。

（2）算法状态估计对比

图 6-14 表示的是 $k=1,\cdots,50$ 时的标准粒子滤波，辅助粒子滤波和高斯辅助粒子滤波算法的估计状态和系统真实状态的比较。整体上看，高斯辅助粒子滤波方法相比较而言，是最好的滤波方法，滤波估计量与真值基本重合，没有明显的偏值点。

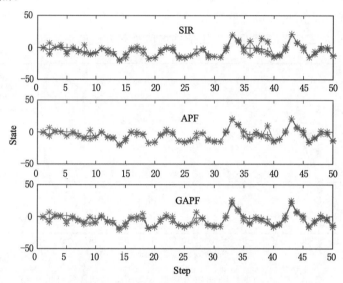

图 6-14　三种算法的状态估计对比图

（3）误差分布

各种滤波方法的效果也可以从误差的角度比较，图 6-15 为三种算法的误差曲线。

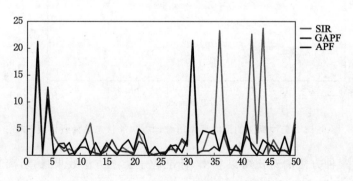

图 6-15　三种算法的误差分布图

标准粒子滤波算法（"红线"）的误差明显高于辅助粒子滤波（"黑线"）和高斯辅助粒子滤波算法（"蓝线"），而高斯辅助粒子滤波算法精度又优于常规辅助粒子滤波算法。

（4）均方根误差比较

表 6-1　三种方法状态估计值的均方根误差

Filter method	RMSE
SIR	5.342
APF	4.996
GAPF	4.883

由表 6-1 中数据可知，标准粒子滤波算法的均方根误差最大，高斯辅助粒子滤波算法优于常规辅助粒子算法，说明改进的辅助粒子算法的估计性能最好，最接近系统真值。

粒子滤波算法在选取重要性密度函数时没有考虑最新的观测信息，导致样本与真实后验分布抽样存在较大偏差。在进行粒子重采样时，直接舍弃了小权值的粒子，复制大权值的粒子，造成粒子多样性匮乏，系统的估计精度低。

高斯辅助粒子滤波算法，将当前时刻的观测值信息引入重要性概率密度函数中，充分运用当前的观测值，达到提高滤波精度的目的。在进行粒子重采样时，通过高斯变换对粒子进行重新分布并调整粒子权值，提高了粒子的多样性。最后通过仿真实验，从算法的线性度、状态估计、误差曲线等几个方面比较了标准粒子滤波算法、辅助粒子滤波算法和高斯辅助粒子滤波算法。仿真结果表明，高斯辅助粒子滤波算法的性能明显优于标准粒子滤波算法和辅助粒子滤波算法，高斯辅助粒子滤波算法避免了采样粒子的退化和匮乏问题，有效提高了粒子滤波算法的效率与精度。

第 7 章 基于局部采样方法的 UFastSLAM

7.1 FastSLAM 方法研究

由于卡尔曼滤波 SLAM 方法要求概率模型服从高斯分布,而在实际问题中,大多数系统都是非线性且概率模型服从非高斯分布;并且,在全状态 SLAM 方法中,状态向量由机器人的位姿与所有检测到的地图特征点组成,SLAM 方法的计算复杂度与状态向量的维数呈指数关系,地图特征点数目的不断增多会伴随着计算量的增大,因而不适用于大范围或密集的环境中。Montemerlo 等人提出了基于 Rao-Blackwellized 粒子滤波的 FastSLAM 方法[22,101-103],其基本思想是:把 SLAM 问题分解为路径估计(定位)以及路标估计(建图)两种[104],使得计算量与所观测到的地图特征点数目呈线性关系,特别适用于大范围的环境中。其中,针对路径估计过程可描述为:从建议分布中对前一时刻的样本集进行采样,用从建议分布中采样得到的带权值的粒子集对路径进行估计。粒子集中的每个粒子对应代表移动机器人某种可能的运动轨迹。针对路标估计过程可描述为:将估计得到的机器人位姿利用扩展卡尔曼滤波方法对每一个样本进行地图估计。同时每一个粒子均拥有独立的全局地图。粒子有如下表示形式:

$$Y_k^i = (X_k^i, \mu_{1,k}^i, \Sigma_{1,k}^i, \cdots, \mu_{n,k}^i, \Sigma_{n,k}^i) \tag{7-1}$$

其中,i 表示粒子的序号;X_k^i 对应于第 i 个粒子的机器人位姿;$\mu_{n,k}^i$ 以及 $\Sigma_{n,k}^i$ 分别对应于第 i 个粒子的环境中第 n 个路标位置的均值及方差。

FastSLAM 流程如图 7-1 所示。

7.1.1 FastSLAM 方法的实现

具体实现过程如下:

① 采样新位姿:在对机器人位姿 X_k 估计时不仅考虑了控制量 u_k 而且考虑了观测信息 Z_k,则采样新位姿的后验概率公式表示为:

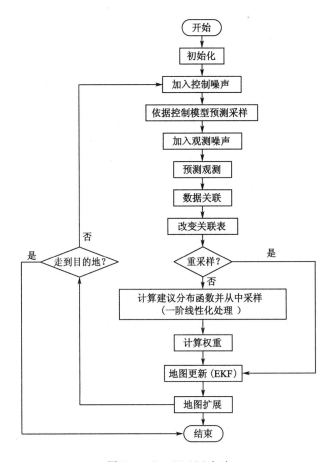

图 7-1　FastSLAM 方法

$$X_k^i \sim p(X_k^i \mid X_{1:k-1}^i, u_{1:k}, z_{1:k}, c_{1:k}) \qquad (7\text{-}2)$$

其中,$c_{1:k}$ 为相关性变量。从 $p(X_k^i \mid X_{1:k-1}^i, u_{1:k}, z_{1:k}, c_{1:k})$ 中直接进行粒子的采样是无法实现的,因此需要对观测模型进行一阶线性化处理从而近似逼近该分布,表示如下:

$$g(m_{c_k}, X_k^i) \approx \hat{z}_k^i + G_m(m_{c_k} - \mu_{n,k-1}^i) + G_X(X_k^i - \hat{X}_k^i) \qquad (7\text{-}3)$$

其中,m_{c_k} 为特征的坐标;$\hat{z}_k^i = h(\mu_{n,k-1}^i, \hat{X}_k^i)$ 为预测观测值;$\hat{X}_k^i = f(X_{k-1}^i, u_t)$ 为预测状态值。从而便得到了对式(7-2)的采样,即得到了服从高斯分布的建议分布函数:

$$P_k^i = [G_X^T(Q_k^i)^{-1}G_X + R_k^{-1}]^{-1} \qquad (7\text{-}4)$$

$$X_k^i = P_k^i G_X^T(Q_k^i)^{-1}(z_k - \hat{z}_k^i) + \hat{X}_k^i \qquad (7\text{-}5)$$

SLAM 原理与 MATLAB 仿真应用

其中,$Q_k^i = R_k + G_m P_{k-1}^i G_m^T$。$G_m$ 以及 G_x 分别对应表示为 $g(m_{c_k}, X_k)$ 对 m_{c_k} 和 X_k 求偏导得到的雅可比矩阵。

② 权重计算:此时构建出的粒子集所表征的概率分布与真实的分布是存在差别的,因此粒子在重采样过程中需要根据每个粒子的权重进行舍取,最终形成一组接近于真实分布的粒子。所以需要对每个粒子进行权重的计算,有:

$$\omega_k^i = \frac{目标分布}{建议分布} = \frac{P(X_k^i \mid X_{1:k-1}^I, u_{1:k}, z_{1:k}, c_{1:k})}{N(\mu_{X_k}^i, \sum_{X_k}^i)}$$

$$= |2\pi L_k^i|^{-\frac{1}{2}} \exp\left\{ -\frac{1}{2}(z_k - \hat{z}_k^i)(L_k^i)^{-1}(z_k - \hat{z}_k^i) \right\} \qquad (7\text{-}6)$$

其中,$L_k^i = G_X R_k G_X^T + G_m \sum_{n,k-1}^i G_m^T + R_k$。

③ 重采样:求出每个粒子所对应的权重后,由式(2-47)求出有效样本数。将求得的有效样本数 $\hat{N}_{eff}$ 与设定的阈值进行比较,当 $\hat{N}_{eff}$ 小于阈值时,则需要进行重采样的计算。

④ 路标估计:在 FastSLAM 框架下,环境中的每个特征点都符合独立的二维高斯分布,因此应用扩展卡尔曼滤波方法对其进行估计。对所观测到的环境路标进行估计更新时需要依赖于当前观测量 Z_k 和步骤① 中的采样位姿 X_k,对于每个粒子,使用 EKF 实现路标的估计更新,即对已观测的路标采用一阶线性化技术进行处理可得:

$$g(m_{c_k}, X_k^i) \approx z_k^i + G_m(m_{c_k} - \mu_{n,k-1}^i) \qquad (7\text{-}7)$$

最后根据卡尔曼滤波增益实现对路标的均值和方差的更新:

$$K_k^i = \sum_{n,k-1}^i G_m^T (Q_k^i)^{-1} \qquad (7\text{-}8)$$

$$\mu_{n,k}^i = \mu_{n,k-1}^i + K_k^i(z_k - \hat{z}_k^i) \qquad (7\text{-}9)$$

$$\sum_{n,k}^i = (I - K_k^i G_m) \sum_{n,k-1}^i \qquad (7\text{-}10)$$

与卡尔曼滤波器 SLAM 方法相比,FastSLAM 采用粒子滤波方法进行路径估计,采用 EKF 方法实现路标估计,M 个环境特征点需要应用 M 次 EKF 进行独立的特征估计,将全状态 SLAM 方法中的 $3+2M$ 维的估计问题转化为一个 3 维与 M 个 2 维的估计问题,计算复杂度在一定程度上会降低,可用于解决规模较大环境中的 SLAM 问题。同时放宽了噪声为高斯分布的限制,适用于任何的非线性非高斯系统。

7.1.2 FastSLAM 仿真实验与分析

仿真环境以及参数的设置同第 4 章的基于卡尔曼滤波的 SLAM 方法相同，仿真实验中选取粒子个数为 25 个，有效粒子数的最少数目定义为 0.75 倍的粒子数，当小于该阈值时，则需要进行重采样。针对非线性非高斯模型进行实验仿真。图 7-2(a)和(b)分别为根据 FastSLAM 方法所得的仿真结果图以及定位误差图。其中，长虚线表示机器人的实际路径，短虚线表示 FastSLAM 的估计路径，"＋"代表 FastSLAM 的估计路标。

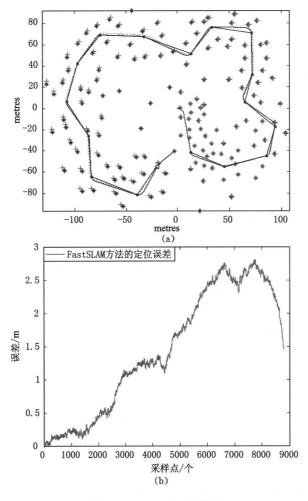

图 7-2 FastSLAM 仿真图

(a) SLAM 仿真结果；(b) 定位误差

从图 7-2(a)中可以看出,无论是对路径的估计,还是对路标的估计,从视觉上看,都存在一定的偏差。由于 FastSLAM 在路径估计与路标估计中均应用到 EKF 的思想,所以会产生同 EKF-SLAM 类似的误差变化。图(b)描述的是在机器人运动过程中根据 FastSLAM 进行定位的误差的曲线图,移动机器人运动定位最大误差约为 2.8 m。

为了更清晰地分析 FastSLAM 的性能,我们将进行对比仿真实验,在 7.2 小节中会详尽介绍。

7.2 UFastSLAM 方法研究

7.2.1 UFastSLAM 方法的实现

(1) 理论研究

FastSLAM 算法存在两大缺点:其一,在采样新位姿的过程中,应用 EKF 的一阶线性化获得建议分布函数的均值和协方差,以实现对后验概率密度函数的近似采样;其二,利用 EKF 方法实现对已观测到的路标的更新。因此,当系统的非线性化程度相对较高时,会对结果造成较大误差。UFastSLAM 算法[24,105-106]以 FastSLAM 算法为框架,使用 UKF 取代一阶线性化和 EKF 的过程,具体区别如表 7-1 所示,实现过程如下:

(1) 采样新位姿:针对每个粒子,首先确定性地在均值点附近对称地抽取 $2n+1$ 个 Sigma 点,n 为机器人状态向量的维数。然后经过非线性运动模型以及非线性观测模型得到变换的 Sigma 点,从而计算出机器人位姿及环境路标的均值和协方差的预测值,再求得状态和观测的相互协方差矩阵以及卡尔曼滤波增益,最终进一步获得 k 时刻机器人位姿的估计均值 X_k 及协方差 P_k,即建议分布函数。计算公式同 4.3 节式(4-51)~(4-63)所示。

表 7-1 两种方法的区别

	机器人位姿	环境路标
FastSLAM 方法	一阶线性化处理	EKF 线性化处理
UFastSLAM 方法	UT 变换处理	UKF 线性化处理

基于获得估计后的机器人位姿均值 X_k 以及协方差 P,对 Sigma 点进行更

新得到：

$$\chi_k^i = \left[X_k^i, X_k^i \pm \sqrt{(n+\lambda)P_k^i} \right] \tag{7-11}$$

其中，i 表示粒子序号。

（2）对粒子的权重进行计算，从而获得有效样本数，与设定的阈值进行比较，判断是否需要进行重采样。方法与 FastSLAM 算法完全相同。

（3）路标估计：对于没有与环境中已有的特征进行关联的信息，需将其作为新特征添加到环境地图中。对于已观测到的环境路标利用 UKF 算法实现对其的估计更新。与机器人位姿估计原理相同，需要构造 Sigma 点集，再经过非线性观测方程得到变换后的 Sigma 点，最终获得更新环境特征位置的均值 $\mu_{n,k}^i$ 以及方差 $\sum_{n,k}^i$：

$$\mu_{n,k}^i = \mu_{n,k-1}^i + K_k^i (z_t - \hat{z}_k^i) \tag{7-12}$$

$$\sum_{n,k}^i = \sum_{n,k-1}^i - K_k^i P_{k|k-1}^{Xz,i} (K_k^i)^{\mathrm{T}} \tag{7-13}$$

UFastSLAM 算法用 UKF 代替了 FastSLAM 中的一阶线性化处理和 EKF 过程，得到更接近于真实后验的建议分布，路径与路标的定位精度高，适用于任何的系统中。

7.2.2　UFastSLAM 仿真实验与分析

仿真环境以及参数的设置同 FastSLAM 相同，本次仿真实验选取 25 个粒子数，以证明 UFastSLAM 即使在不需要大量粒子的情况下，仍能保证估计的精确性。针对非线性非高斯模型进行实验仿真，图 7-3(a) 和(b) 分别为根据 UFastSLAM 方法所得的仿真结果图以及定位误差图。其中，长虚线表示机器人的实际路径，短虚线表示 UFastSLAM 的估计路径，"六角星"代表 UFastSLAM 的估计路标。

从图 7-3(a) 中可以看出，无论是对路径的估计，还是对路标的估计，从视觉上看，与实际的路标与路径都相差无几，可见应用 UFastSLAM 实现定位与建图过程精确度较高。图(b) 描述的是在机器人运动过程中根据 UFastSLAM 进行定位的误差的曲线图，可以清晰地看出，在噪声存在的情况下，移动机器人运动定位最大误差不超过 1 m，表明在采样粒子数不需要太多的情况下，同样能够实现精确的定位与建图，具有较高的可靠性。

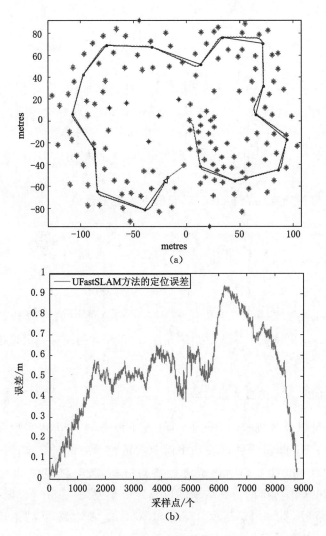

图 7-3　UFastSLAM 仿真图

（a）SLAM 仿真结果；（b）定位误差

7.2.3　FastSLAM、UFastSLAM 综合仿真对比

为了更清晰地验证 FastSLAM 与无迹 FastSLAM 方法（UFastSLAM）的有效性和优越性，针对非线性非高斯模型，对两种方法在 MATLAB 2010 平台下的 GUI 界面中进行仿真实验与对比，按键"COMPARISON2"即表示两种方法的仿真对比（如图 7-4 所示）。

　　图 7-4 为针对非线性非高斯模型来说,两种方法实现定位与建图的仿真结果对比图(公平起见,对每个不同的算法选取相同的随机粒子数,即 $M = 25$ 个)。其中,短虚线代表由 FastSLAM 方法得到的机器人的估计路径;长虚线代表由 UFastSLAM 方法得到的机器人的估计路径;"＋"代表 FastSLAM 方法的估计路标,"六角星"代表 UFastSLAM 方法的估计路标。通过仿真实验可以看出,利用两种方法均能实现对周围环境路标位置的感知及移动机器人位置的跟踪,但 UFastSLAM 方法相对更精确些。

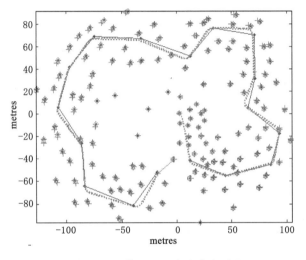

图 7-4　两种 SLAM 方法仿真对比

　　在仿真中,随着对机器人路径的不断跟踪,FastSLAM 与 UFastSLAM 的误差开始缓慢增加,在一定的范围内,两种方法的性能相当,定位误差的差别较小。但随着移动距离的不断增大,UFastSLAM 的估计性能要明显优于 FastSLAM 方法。图 7-5 为两种方法的定位误差对比图,可以更清晰地看出:UFastSLAM 方法相比 FastSLAM 方法在仿真结果中的误差更小,可以实现更准确的定位。

　　这是由于:① UFastSLAM 将 FastSLAM 方法中一阶线性化处理部分由 UKF 处理方法所代替,使得在模型非线性程度很高的情况下大大提高了算法精度;② 为减弱粒子滤波存在的粒子贫化现象,采用了选择性重采样策略,即 UKF 的确定性采样。因此,UFastSLAM 方法较 FastSLAM 算法在估计精度有显著提高,但需消耗更长的运行时间,主要由于:① 在路径估计与路标估计的

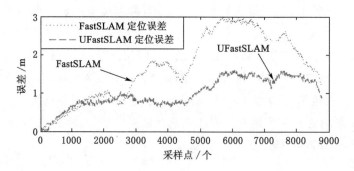

图 7-5　两种 SLAM 方法定位误差对比

过程中,需要对每一个粒子应用 UKF 方法进行 UT 变换,Sigma 点的计算消耗了大量的时间。② 传感器所探测到环境路标数目的不断增多,造成计算资源的匮乏,从而无法满足对地图更新的实时性。分别选取粒子数为 5、25、50 以及 100 时,对两种方法进行实验仿真。采样粒子数选取的不同,运行时间会不同。本书 20 次 Mote Carlo 实验,得到两种方法实现所需要的平均运行时间如表 7-2 所示。

表 7-2　仿真结果运行时间对比

粒子数	SLAM 方法	运行时间
$M=5$	FastSLAM	105.13
	UFastSLAM	135.47
$M=25$	FastSLAM	168.98
	UFastSLAM	306.50
$M=50$	FastSLAM	356.15
	UFastSLAM	793.06
$M=100$	FastSLAM	575.19
	UFastSLAM	1663.36

　　SLAM 方法在实际应用中需要具有很好的实时性,因此需要对两种方法的计算复杂度进行分析。由表 7-2 可以看出随着对采样粒子数的增多,两种方法的运行时间差距会逐渐增大,UFastSLAM 明显比 FastSLAM 所消耗的时间更长,无法满足实时性要求。

7.3　局部采样一致性分析

UKF 方法在 Sigma 点的计算过程中需要利用 Choleskey 分解法分解协方差矩阵,计算复杂度与状态向量维数 n 呈立方的关系 $O(n^3)$,因此,无法在大尺度的环境实时应用。为降低 UKF 的计算复杂度,降低待分解矩阵的维数,提高计算的效率,只对相关的部分参数进行 UT 变换,只完成同非线性变换中相关参数 Sigma 点的计算,即实现 UKF 的局部采样(Local Sampling)[100-107]。为证明局部采样同全局采样具有一致性,提出如下引理。

引理 7.1　记 $X=[X_A,X_B]$ 是由 X_A 以及 X_B 构成的列向量,且协方差矩阵 P 是非对角(块)阵,也就是 X_A 与 X_B 相关[110-111]。考虑如下的一个非线性函数,它可以分为两个完全解耦的非线性和线性部分:

$$X_{k|k-1}=\begin{bmatrix} X_{A,k|k-1} \\ X_{B,k|k-1} \end{bmatrix}=f(X_{k-1})=\begin{bmatrix} f(X_{A,k-1}) \\ X_{B,k-1} \end{bmatrix} \tag{7-14}$$

即只有 X_A 处于非线性变换中。则当 UKF 的尺度参数 $n+\kappa$ 恒定不变时,采用局部采样或全局采样策略均能提供相同的 $X_{A,k|k-1}$ 估计,即具有一致估计性,而不依赖于 X_B 维数的大小。

证明:对状态 X_{k-1} 的 n 维协方差矩阵 P_{k-1} 及其 Cholesky 分解给定如下:

$$P_{k-1}=\begin{bmatrix} P_{A,k-1} & P_{AB,k-1} \\ P_{BA,k-1} & P_{B,k-1} \end{bmatrix}=D_{k-1}D_{k-1}^{\mathrm{T}}=\begin{bmatrix} D_{1,k-1} & 0 \\ D_{12,k-1} & D_{2,k-1} \end{bmatrix}\begin{bmatrix} D_{1,k-1} & 0 \\ D_{12,k-1} & D_{2,k-1} \end{bmatrix}^{\mathrm{T}} \tag{7-15}$$

其中,$P_{A,k-1}=D_{1,k-1}D_{1,k-1}^{\mathrm{T}}$。假定 $X_{A,k-1}$ 以及 $X_{B,k-1}$ 的维数分别对应为 n_A 和 n_B,不失一般性,设定尺度参数为 $n+\kappa=C$。根据全采样策略,可以得到 $2n+1$ 个 Sigma 点及其权值表示为 $\{[X_{A,k-1}^i,X_{B,k-1}^i],\omega_{k-1}^i\}_{i=0}^{2n}$。考虑线性部分,存在 $X_{B,k|k-1}^i=X_{B,k-1}^i$,从而无论 n 取值多少,恒有 $P_{B,k|k-1}=P_{B,k-1}$,即,UKF 方法的采样策略对线性部分参数的估计不起作用。由于式(7-15)中 D_{k-1} 矩阵右上角是零矩阵块,因此对 X_A 的 Sigma 点有:

$$\begin{aligned} \hat{X}_{A,k-1}=X_{A,k-1}^i=X_{A,k-1}^{i+n}, & \quad i\in\zeta \\ X_{A,k|k-1}^i=X_{A,k|k-1}^{i+n}=f(X_{A,k-1}^i), & \quad i\in\zeta \end{aligned} \tag{7-16}$$

其中,点集 $\zeta=\{0\}\bigcup(n_A,n)$。$X_{A,k|k-1}$ 的均值及协方差矩阵计算如下:

$$X_{A,k|k-1}=\sum_{i=0}^{2n}\omega_i X_{A,k|k-1}^i$$

$$= \frac{2\kappa}{2C} X_{A,k|k-1}^{0} + \sum_{i=1}^{2n} \frac{1}{2C} X_{A,k|k-1}^{i}$$

$$= \frac{2(C-n_A)}{2C} f(\hat{X}_{A,k-1}) + \frac{1}{2C} \sum_{i=1}^{n_A} (f(X_{A,k-1}^{i}) + f(X_{A,k-1}^{i+n})) \quad (7\text{-}17)$$

$$P_{A,k|k-1} = \sum_{i=0}^{2n} \omega_i \delta X_{A,k|k-1}^{i} \delta X_{A,k|k-1}^{i,\mathrm{T}}$$

$$= \frac{2\kappa}{2C} \delta X_{A,k|k-1}^{0} \delta X_{A,k|k-1}^{0,\mathrm{T}} + \frac{1}{2C} \sum_{i=1}^{2n} \delta X_{A,k|k-1}^{i} \delta X_{A,k|k-1}^{i,\mathrm{T}}$$

$$= \frac{2(C-n_A)}{2C} \delta X_{A,k|k-1}^{0} \delta X_{A,k|k-1}^{0,\mathrm{T}}$$

$$+ \frac{1}{2C} \sum_{i=1}^{n_A} (\delta X_{A,k|k-1}^{i} \delta X_{A,k|k-1}^{i,\mathrm{T}} + \delta X_{A,k|k-1}^{i+n} \delta X_{A,k|k-1}^{i+n,\mathrm{T}}) \quad (7\text{-}18)$$

其中,$\delta X_{A,k|k-1}^{i} = X_{A,k|k-1}^{i} - \hat{X}_{A,k|k-1}$。由条件可知,UKF 的尺度参数 $n+\kappa$ 为常量,因此 $\hat{X}_{A,k|k-1}$ 和 $P_{A,k|k-1}$ 的确定仅仅依赖于 n_A,对于不同的维数 n,都可以根据式(7-17)～(7-18)获得一致的估计结果。证毕。

综上可知:在 UKF 中采用局部采样的思想,即在 SLAM 问题中,只有部分状态参数出现在预测与更新阶段的非线性变换中,在一定的条件下,与全局采样具有一致的估计性,因此,局部采样策略的采用是降低其复杂度的一个有吸引力的选择。

7.4　基于局部采样的 UFASTSLAM 研究

7.4.1　全局定位及局部地图建立

在 SLAM 方法研究中,考虑到 UFastSLAM 虽然在对移动机器人和环境特征的位置估计中精确度高,但是运行时间相对较长,计算复杂度高,无法满足实时性要求。根据引理 7.1 可知,基于局部采样与全局采样具有估计一致性[112-113],因此,可采用局部采样的思想,当机器人在局部地图中运行时,计算复杂度与全局地图相互独立,保证定位精度一致条件下,降低计算复杂度,提高运行效率。

基于局部采样的 UFastSLAM 的基本思想是:将全局地图划分为局部地图 A 以及邻域地图 B 以实现部分采样。首先在局部区域内进行移动机器人路径的估计以及路标的更新,在计算建议分布函数中需要重构 UKF 公式中的相关项,即用等效雅可比矩阵线性乘积的形式表示滤波过程中的各变量之间的协方差矩阵,使 UKF 方法具有同 EKF 类似的线性结构形式,从而得到近似后验概率密度函数的粒子集,实现对机器人的路径估计,在此基础上对路标进行更新,当传感器测量范围超过规定的局部区域时,对全局路标进行一次更新,然后再重新划分局部地图,如此循环,最终实现机器人的位姿估计和环境路标位置的估计。其具体的实现过程如下:

如图 7-6 所示将全局地图区域划分为局部地图区域 A 以及邻域地图 B(其他区域)。

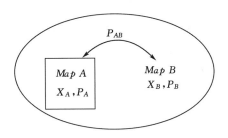

图 7-6　局部地图和邻域地图示意图

记 X 和 P 表示全局地图的状态及协方差矩阵。假定 $k-1$ 时刻状态和协方差的估计值是 $\hat{X}_{k-1}$ 和 P_{k-1},则有:

$$\hat{X}_{k-1}=\begin{bmatrix}\hat{X}_{A,k-1}\\\hat{X}_{B,k-1}\end{bmatrix},\ P_{k-1}=\begin{bmatrix}P_{A,k-1}&P_{AB,k-1}\\P_{BA,k-1}&P_{B,k-1}\end{bmatrix} \tag{7-19}$$

$$\hat{X}_{A,k-1}=\begin{bmatrix}\hat{x}_{k-1}\\\hat{X}_{a,k-1}\end{bmatrix},\ P_{A,k-1}=\begin{bmatrix}P_{x,k-1}&P_{xa,k-1}\\P_{ax,k-1}&P_{a,k-1}\end{bmatrix} \tag{7-20}$$

其中,X_A 是包括移动机器人的状态以及局部地图 A 中环境特征 X_a 的状态变量,P_A、P_x、P_a 以及 P_{xa} 分别表示相应的协方差阵,X_B 和 P_B 分别表示邻域地图 B 的环境特征状态和协方差矩阵,记各状态变量的维数分别为 n、n_x、n_a 和 n_B。

(1)采样新位姿:考虑到无法从后验概率密度中直接采样粒子集,以获得机器人的估计路径。所以,需要进行重要性采样,即利用 UKF 方法计算得到服从高斯分布的建议分布,以实现对后验概率密度函数的近似,再从中进行采样,以得到机器人的估计位姿。其中,在根据 UKF 计算建议分布时,引入等效雅可比矩阵以降低计算复杂度,从而获得机器人的位姿均值和方差。

① 预测步:根据 UT 变换计算出 $k-1$ 时刻移动机器人的状态预测值

$\hat{x}_{k|k-1}$ 和协方差矩阵 $P_{x,k|k-1}$，分别记为 $\hat{x}_{k|k-1} \triangleq UT(\hat{x}_{k-1})$ 和 $P_{x,k|k-1} \triangleq UT(P_{x,k-1})$。计算非线性运动模型对 $\hat{x}_{k-1}$ 的等效雅可比矩阵 $F_{x,k}$，公式如下：

$$P_{xM,k|k-1} = E((x_{k|k-1} - \hat{x}_{k|k-1})(M_{k|k-1} - \hat{M}_{k|k-1})^T)$$

$$= \sum_{i=0}^{2n} \omega_i \delta x_{k|k-1}^i \delta x_{k-1}^{i,T} P_{x,k-1}^{-1} P_{xM,k-1}$$

$$= \underbrace{\frac{[\triangle x_{k|k-1}^1, \cdots \triangle x_{k|k-1}^n]}{2\sqrt{n_A + \kappa}} D_{x,k-1}^{-1}}_{F_{x,k}} P_{xM,k-1} = F_{x,k-1} P_{xM,k-1} \quad (7\text{-}21)$$

其中，$\triangle x_{k|k-1}^i = x_{k|k-1}^i - x_{k|k-1}^{i+n_x}$。由此可知，协方差矩阵 $P_{xM,k|k-1}$ 可递推地表示成线性因子 $F_{x,k}$ 与上一时刻估计协方差矩阵的线性乘积，表示机器人与环境路标的相互协方差。则对局部地图区域状态矢量 $\hat{X}_{A,k-1}$ 的等效雅可比矩阵可表示为 $F_{A,k} = [F_{x,k}, 0_{X_a}]$，预测过程有如下的递推形式：

局部地图：

$$\begin{cases} \hat{x}_{k|k-1} \triangle UT(\hat{x}_{k-1}), & P_{x,k|k-1} \triangle UT(P_{x,k-1}) \\ \hat{X}_{a,k|k-1} = \hat{X}_{a,k}, & P_{xa,k|k-1} = F_{A,k} P_{xa,k-1} \end{cases} \quad (7\text{-}22)$$

邻域地图：

$$\hat{X}_{B,k|k-1} = \hat{X}_{B,k-1} \quad (7\text{-}23)$$

$$P_{B,k|k-1} = P_{B,k-1} \quad (7\text{-}24)$$

$$P_{AB,k|k-1} \triangle \phi_{k|k-1} P_{AB,k-1}, \quad \phi_{k|k-1} = F_{A,k} \phi_{k-1}, \quad \phi_{k-1} = I \quad (7\text{-}25)$$

② 更新步：根据 UT 变换估计 Z_k 的分布参数 $\hat{Z}_k$ 和 $P_{Z,k}$，新息协方差矩阵 $S_k = P_{Z,k} + R_{Z,k}$。计算非线性观测模型对 $\hat{X}_{A,k|k-1}$ 的等效雅可比矩阵 $H_{A,k}$，公式如下：

$$P_{AZ,k} = E((X_{A,k|k-1} - \hat{X}_{A,k|k-1})(Z_k - \hat{Z}_k)^T) = \sum_{i=0}^{2n_A} \omega_i \delta X_{A,k|k-1}^i \delta Z_k^{i,T}$$

$$= \frac{1}{2\sqrt{n_A + \kappa}} D_{A,k|k-1} [\begin{matrix} 0 & I & -I \end{matrix}] [\begin{matrix} \delta Z_k^0 & \delta Z_k^{1:n_A} & \delta Z_k^{n_A+1:2n_A} \end{matrix}]$$

$$= P_{A,k|k-1} \left(\frac{[\triangle Z_k^1, \cdots \triangle Z_k^{n_A}] D_{A,k|k-1}^{-1}}{2\sqrt{n_A + \kappa}} \right)^T \triangle P_{A,k|k-1} H_{A,k}^T \quad (7\text{-}26)$$

其中，$\triangle Z_k^i = Z_k^i - Z_k^{i+n_A}$。状态变量 $\hat{X}_{k|k-1}$ 与观测矢量 $\hat{Z}_k$ 之间的协方差矩阵可用如下的等效雅可比矩阵的乘积形式进行表示：

$$P_{XZ,k} = P_{k|k-1} H_k^T \quad (7\text{-}27)$$

将上式代入卡尔曼滤波增益的计算公式中，可得：

$$K_k = P_{k|k-1} H_k^{\mathrm{T}} \cdot S_k^{-1} = \begin{bmatrix} P_{A,k|k-1} H_{A,k}^{\mathrm{T}} \cdot S_k^{-1} \\ P_{AB,k|k-1}^{\mathrm{T}} H_{A,k}^{\mathrm{T}} \cdot S_k^{-1} \end{bmatrix} \tag{7-28}$$

其中,新息协方差矩阵 $S_k = S_{Z,k} + R_{Z,k}$。

因此得:

$$X_{A,k} = X_{A,k|k-1} + P_{A,k|k-1} H_{A,k}^{\mathrm{T}} S_k^{-1} \nabla Z_k \tag{7-29}$$

$$P_{A,k} = P_{A,k|k-1} - P_{A,k|k-1} H_{A,k}^{\mathrm{T}} S_k^{-1} H_{A,k} P_{A,k|k-1} = P_{A,k|k-1} - P_{A,k|k-1} \beta_k P_{A,k|k-1} \tag{7-30}$$

即得到建议分布服从均值为 $X_{A,k}$、方差为 $P_{A,k}$ 的高斯分布,再进行权重计算,判断是否进行重采样,最后再进行加权求和得到机器人的估计位姿。

(2) 路标估计:由机器人的估计位姿利用 UKF 方法对环境特征进行更新,方法同 UFastSLAM。

(3) 全局更新

在局部更新的过程中,邻域地图利用三个中间参数 ϕ、ψ 以及 θ 得以实现延迟更新。当移动机器人运行到邻域地图区域时,则需要根据中间参数以完成邻域地图信息的更新,即全局更新,同时重新选择局部地图以及邻域地图,不断循环,即可完成对全局的路径以及路标的估计。

$$\begin{aligned} X_{B,k} &= X_{B,k|k-1} + P_{AB,k|k-1}^{\mathrm{T}} H_{A,k}^{\mathrm{T}} S_k^{-1} \nabla Z_k \\ &= X_{B,k-1} + P_{AB,k-1}^{\mathrm{T}} \phi_{k|k-1}^{\mathrm{T}} H_{A,k}^{\mathrm{T}} S_k^{-1} \nabla Z_k \\ &= X_{B,k-1} + P_{AB,k-1}^{\mathrm{T}} \theta_k \end{aligned} \tag{7-31}$$

$$\begin{aligned} P_{B,k} &= P_{B,k|k-1} - P_{AB,k|k-1}^{\mathrm{T}} \beta_k P_{AB,k|k-1} \\ &= P_{B,k-1} - P_{AB,k-1}^{\mathrm{T}} \phi_{k|k-1}^{\mathrm{T}} \beta_k \phi_{k|k-1} P_{AB,k-1} \\ &= P_{B,k-1} - P_{AB,k-1}^{\mathrm{T}} \psi_k P_{AB,k-1} \end{aligned} \tag{7-32}$$

$$P_{AB,k} = P_{AB,k|k-1} - P_{A,k|k-1} H_{A,k}^{\mathrm{T}} S_k^{-1} H_{A,k} P_{AB,k|k-1} = \phi_k P_{AB,k-1} \tag{7-33}$$

其中,$n+1$ 步更新后,即 $k+n$ 时刻的辅助参数的更新定义如下:

$$\phi_{k+n} = (I - \mu_{k+n}) \phi_{k+n|k-1}, \quad \phi_{k+n|k-1} = F_{A,k+n} \phi_{k+n-1|k-1}, \quad \phi_{k-1} = I \tag{7-34}$$

$$\psi_{k+n} = \psi_{k+n-1} + \phi_{k+n|k-1}^{\mathrm{T}} \beta_{k+n} \phi_{k+n|k-1}, \quad \psi_{k+0} = 0 \tag{7-35}$$

$$\theta_{k+n} = \theta_{k+n-1} + \phi_{k+n|k-1}^{\mathrm{T}} H_{A,k+n}^{\mathrm{T}} S_{k+n}^{-1} \nabla Z_{k+n}, \quad \theta_{k+0} = 0 \tag{7-36}$$

7.4.2　局部地图重建

地图管理的目的在于确定机器人在运动中何时对局部地图区域进行重新划分,通过局部地图的划分原则,将全局地图 X 划分为局部地图 X_A 和领域地

图 X_B 两部分[114]。

假定传感器最大的观测范围为 R,若以某一时刻移动机器人的所在位置作为圆心 O,其所处的活动范围被限制在以半径为 $k_1 \cdot R$ 的圆中(如图 7-7 所示的细实线圆),在不考虑估计的不确定性条件下,传感器的观测范围被限制在以 $k_2 \cdot R(k_2 \geqslant k_1 + 1)$ 的圆内,其不会观测到圆外的其他路标点,$k_2 \cdot R$ 是 $k_1 \cdot R$ 活动范围下最小的局部地图区域范围。其中,k_1 的选择要考虑到计算资源的可用性,k_1 越大,则局域地图范围越大,计算量也相应地随之增加,但是随着 k_1 的增大,局部地图的切换频率降低,从而全局更新频率也随之降低。k_2 的确定要考虑机器人的位姿、环境路标疏密的程度等因素。k_2 越大,则对应局部地图中的冗余信息增大,影响计算效率,但是保证了传感器观测不到局部地图以外的路标的可靠性。

k_1 与 k_2 确定后,当移动机器人在 $k_1 \cdot R$ 活动范围内运动时,局部地图区域保持不变。当运动到机器人活动范围边界(如 O' 时),此时将位置 O' 作为新的局部地图区域的原点,即机器人的活动范围被限制在图中的虚线框圆内(如图 7-7 所示),局部地图范围为粗虚线圆内,即可实现对局部地图区域的重新划分。

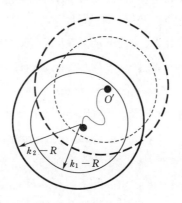

图 7-7　局部地图的重建

在仿真过程中局部地图区域的重建如图 7-8 所示。其中(a)图表示某一时刻机器人刚进入当前局部地图中运动时的仿真图,机器人处于当前地图中的中心位置;(b)图表示机器人运动到小圆边缘,即将进行局部地图切换时的仿真图;(c)图表示机器人移动到自身运动范围之外,局部地图和机器人的运动范围都发生变化,并且以当前位置作为新的局部地图区域的中心,重新确定局部地图的范围。

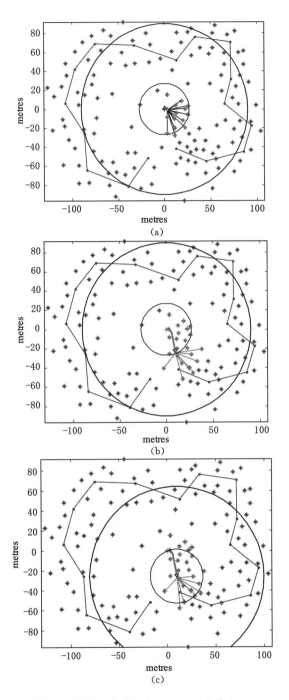

图 7-8　环境感知中局部地图更新仿真实现

7.4.3 仿真实验与分析

为了验证改进的 UFastSLAM 方法的有效性,将其同 UFastSLAM 方法在 MATLAB 2010 平台下进行仿真实验与对比。为公平比较分析,仿真中各方法采用相同的 25 个随机产生的粒子数。本文在局部地图切换时令传感器的最大观测距离为 MAX_RANGE,则移动机器人的运动区域为 $\alpha \times$ MAX_RANGE,在这里 α 取 0.9,同时可得到所选择局部地图的大小为 $\beta \times$ MAX_RANGE,其中 β 取 3。

图 7-9 对 UFastSLAM 和基于局部采样的 UFastSLAM 方法进行仿真得到移动机器人运行轨迹和环境特征的估计结果。其中,仿真环境中央的 6 个特征路标是因传感器测量范围限制,而未能观测到的路标。小圆表示移动机器人的运动区域,大圆为当前的局部地图。值得注意的是,由仿真图可以看出,在视觉上,UFastSLAM 同改进 UFastSLAM 对路标和路径的估计精度相差不大。短虚线和"六角星"分别表示基于 UFastSLAM 方法对路径以及路径的估计;实线和"+"分别表示基于局部采样 UFastSLAM 方法对路径及其路标的估计。

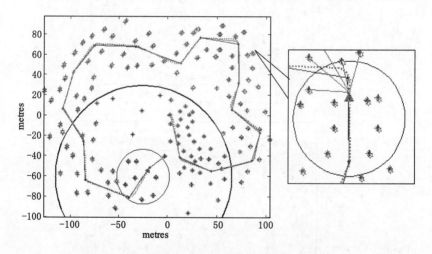

图 7-9　两种 SLAM 方法仿真结果对比

图 7-10 为两种方法的定位误差对比图,可以看出,两种方法的定位误差有较小的区别。不同的原因在于仿真实验中噪声是随机的,会使实验的结果会存在一定的差距,但差距不会很大。因此,在不考虑计算误差时,基于前文分析局部采样不影响标准 UKF 的估计精度,UFastSLAM 与压缩 UFastSLAM 对实

现机器人位置与环境路标的估计精度可以认为是一致的。

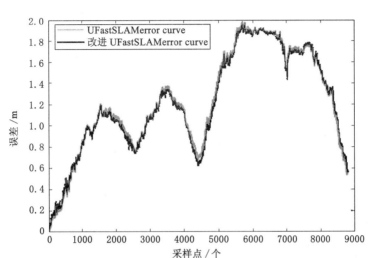

图 7-10　两种方法定位误差对比

为更清晰准确地看出改进方法的优越性,对两种方法在粒子数目选取不同的情况下,对运行时间进行统计(如表 7-3 所示),由表可知,通过将局部采样以及等效雅可比矩阵思想引入 UFastSLAM 中,在不影响估计精度的前提下,有效地提高了滤波的计算效率。

表 7-3　仿真结果的均方根误差与运行时间对比

粒子数	SLAM 方法	运行时间
$M=5$	UFastSLAM	146.87
	局部采样 UFastSLAM	86.94
$M=25$	UFastSLAM	315.26
	局部采样 UFastSLAM	173.64
$M=50$	UFastSLAM	789.65
	局部采样 UFastSLAM	410.82
$M=100$	UFastSLAM	1738.93
	局部采样 UFastSLAM	1085.43

在 UT 变换过程中,全采样 UKF 须对全状态变量协方差矩阵进行分解和大量 Simga 点的计算及递推,导致计算复杂度与环境特征点数目呈立方关系。

随着特征点数的增加,运行时间快速的累积。通过:① 采用局部采样策略,使计算复杂度与总特征点数近似呈平方关系;② 应用等效雅可比矩阵,避免了全局特征点的实时更新,计算复杂度与局部地图中特征点数呈平方关系。基于以上两点,可使 UFastSLAM 的计算效率显著提高,对有效解决 SLAM 问题中的实时应用具有重要意义。

第 8 章　移动机器人 SLAM 的 MATLAB 程序设计

SLAM 是指机器人需要在未知环境中,从未知位置出发,利用自身携带的传感器识别未知特征路标,在递增建立环境地图的同时,利用已建立的地图来同步更新自身位姿。本文主要运用 MATLAB 对移动机器人 SLAM 进行仿真分析。考虑到实际中机器人的运动模型与观测模型是非线性的,因此实现 SLAM 的方法主要采用基于扩展卡尔曼滤波器(Extended Kalman Filter, EKF)的 SLAM 方法。

8.1　基于 EKF 的 SLAM 方法

扩展卡尔曼滤波算法是利用一阶泰勒级数展开,实现非线性状态方程和观测方程的线性化,然后利用 KF(卡尔曼滤波)的递推算法进行状态估计,从而实现了对非线性系统的线性估计。

假设系统是非线性的,状态估计向量和观测向量可表示为:

$$\begin{cases} X_k = f(X_{k-1}, k-1) + \Gamma(X_{k-1}, k-1) W_{k-1} \\ Z_k = h(X_k, k) + V_k \end{cases} \tag{8-1}$$

式中,f 是系统的状态转移函数,将 $k-1$ 时刻的状态映射到当前 k 时刻的状态,h 是系统的观测函数,W_{k-1} 是系统 $k-1$ 时刻的过程噪声,V_k 是 k 时刻的观测噪声,两噪声为均值为零的不相关的高斯白噪声。

在系统状态方程和观测方程中,将非线性函数 $f(\cdot)$ 围绕 $\hat{X}_{k-1}$ 展成泰勒级数,将非线性函数 $h(\cdot)$ 围绕滤波值 $\hat{X}_{k,k-1}$ 展成泰勒级数,并取其一阶近似,可以表示为:

$$\begin{cases} X_k = f(\hat{X}_{k-1}, k-1) + \dfrac{\partial f}{\partial \hat{X}_{k-1}}(X_{k-1} - \hat{X}_{k-1}) + \Gamma(\hat{X}_{k-1}, k-1) W_{k-1} \\ Z_k = h(\hat{X}_{k,k-1}, k) + \dfrac{\partial h}{\partial X_k}\big|_{\hat{x}_{k,k-1}}(X_k - \hat{X}_{k,k-1}) + V_k \end{cases} \tag{8-2}$$

其中,f 对 $\hat{X}_{k-1}$ 的偏导雅可比矩阵表示为:

$$\frac{\partial f}{\partial \hat{X}_{k-1}} = \frac{\partial f(\hat{X}_{k-1}, k-1)}{\partial X_{k-1}}\Big|_{x_{k-1}=\hat{x}_{k-1}} = \Phi_{k,k-1} \tag{8-3}$$

h 对 $\hat{X}_{k,k-1}$ 的偏导的雅可比矩阵表示为：

$$\frac{\partial h}{\partial X_k}\Big|_{\hat{x}_{k,k-1}} = H_k \tag{8-4}$$

（1）时间更新方程

状态一步预测：$\hat{X}_{k,k-1} = f(\hat{X}_{k-1}, k-1)$

一步预测误差方差阵：

$$P_{k,k-1} = \Phi_{k,k-1} P_{k-1} \Phi_{k,k-1}^{\mathrm{T}} + \Gamma(\hat{X}_{k-1}, k-1) Q_{k-1} \Gamma^{\mathrm{T}}(\hat{X}_{k-1}, k-1)$$

其中，Q_{k-1} 为 $k-1$ 时刻的过程噪声协方差。

（2）状态更新方程

状态估计：$\overline{X}_k = \overline{X}_{k-1} + K_k[Z_k - h(\overline{X}_k, k)]$

滤波增益矩阵：$K_k = P_{k,k-1} H_k^{\mathrm{T}}[H_k P_{k,k-1} H_k^{\mathrm{T}} + R_k]^{-1}$

估计误差方差阵：$P_k = [I - K_k H_k] P_{k,k-1}$。

基于 EKF 的 SLAM 方法可以归纳为一个循环迭代的估计校正过程：首先估计机器人的新位置，并估计可能观测的环境特征，然后计算实际观测和估计观测间误差，结合系统协方差计算卡尔曼滤波增益 K，并用 K 对机器人的估计位置进行校正，最后将新观测的环境特征加入地图。EKF-SLAM 的流程图如图 8-1 所示。

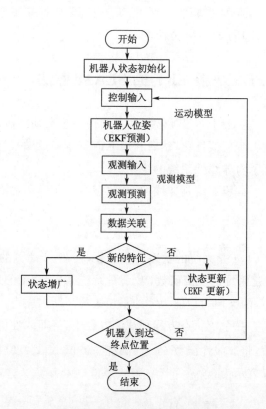

图 8-1　EKF-SLAM 的流程图

8.2 移动机器人建模

在二维 SLAM 中,主要存在两个坐标系,即全局坐标系和机器人坐标系。
移动机器人坐标系如图 8-2 所示。其中,(O_W, X_W, Y_W) 为全局坐标系,
(O_R, X_R, Y_R) 为机器人坐标系。(x_r, y_r) 是机器人在全局坐标系下的坐标,θ 为
机器人运动方向与全局坐标系横轴夹角,又称作方向角。(x_r, y_r, θ_r) 合称为机
器人的位姿,$B_i(x_i, y_i)$ 为观测到的第 i 个特征点。

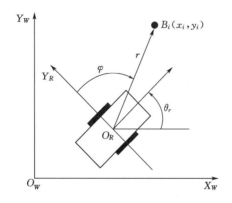

图 8-2 移动机器人坐标系

要研究移动机器人定位系统,首先必须给出它的运动模型和观测模型。

系统的运动模型就是在考虑系统的过程噪声 $w(k)$ 的情况下,机器人的运
动状态 $X(k)$ 在系统输入 $u(k)$ 的控制下随着时间的变化规律。系统的运动模型
可以表示为:

$$X(k) = \begin{bmatrix} x_k \\ y_k \\ \theta_k \end{bmatrix} = \begin{bmatrix} x_{k-1} + v \cdot dt \cdot \cos(\theta_{k-1} + G) \\ y_{k-1} + v \cdot dt \cdot \sin(\theta_{k-1} + G) \\ \theta_{k-1} + \dfrac{v \cdot dt \cdot \sin(G)}{WB} \end{bmatrix} \tag{8-5}$$

其中,$\begin{bmatrix} x_{k-1} & y_{k-1} & \theta_{k-1} \end{bmatrix}^T$ 为机器人在 $k-1$ 时的位姿;dt 为传感器采样时间间
隔;v 为速度;G 为机器人在 k 时刻的方向角;WB 为轴距;$\begin{bmatrix} x_k & y_k & \theta_k \end{bmatrix}^T$ 为机
器人在 k 时刻的位姿。

在系统的运动模型已知后,还要知道系统的观测模型。用观测模型来表征
系统在工作环境中的信息。在考虑系统观测噪声 $v(k)$ 的情况下,系统的观测噪

声可以表示为：

$$z_{i,k}=\begin{bmatrix} r \\ \theta \end{bmatrix}=\begin{bmatrix} \sqrt{(x_k-x_i)^2+(y_k-y_i)^2} \\ \arctan\left(\dfrac{y_k-y_i}{x_k-x_i}\right)-\theta_k \end{bmatrix} \tag{8-6}$$

其中，(x_i,y_i)为激光传感器探测到的第 i 个特征的位置坐标；r 为路标特征点与移动机器人的距离；θ 为路标特征点与机器人前进方向的夹角。

8.3 移动机器人 EKF-SLAM 仿真

在 MATLAB 2015a 中进行 EKF-SLAM 仿真，步骤如下：

(1) 参数设置：机器人的运动速度为 $V=3$ m/s，$WB=4$ m，控制量速度噪声 $\sigma_V=0.3$ m/s，角度噪声 $\sigma_G=3°$，观测量距离噪声为 $\sigma_R=0.1$ m，角度噪声为 $\sigma_B=1°$，控制量的更新频率为 40 Hz，即 0.025 s，观测量的获取频率为 5 Hz，即 0.2 s。每次观测，激光传感器得到在机器人 30 m 以内路标的距离和角度信息。

此部分程序用于表示载入预先设置的机器人路径和环境路标的数据。

```
function data= ekfslam_sim(lm,wp)
format compact
path(path,'/')
load('example_webmap. mat');
configfile;
其中,configfile. m用于对参数进行设置:
V= 3;
MAXG= 30 * pi/180;
RATEG= 20 * pi/180;
WHEELBASE= 4;
DT_CONTROLS= 0.025;
sigmaV= 0.1;% m/s
sigmaG= (3.0 * pi/180);
Q= [sigmaV^2 0;0 sigmaG^2];
MAX_RANGE= 30.0;
DT_OBSERVE= 8 * DT_CONTROLS;
```

```
sigmaR= 0.1;
sigmaB= (1.0 * pi/180);
R= [sigmaR^2 0;0 sigmaB^2];
AT_WAYPOINT= 1.0;
NUMBER_LOOPS= 1;% number of loops through the waypoint list
SWITCH_CONTROL_NOISE= 1;
SWITCH_SENSOR_NOISE = 1;
```

（2）搭建移动机器人的模拟环境：通过载入预先设置好的数据，得到仿真环境如图 8-3 所示，环境中分布着 35 个路标特征点和 17 个路径点，分别用"＊"和"．"表示。其中，这些路标都是静态路标，细实线表示路径点确定的路线。

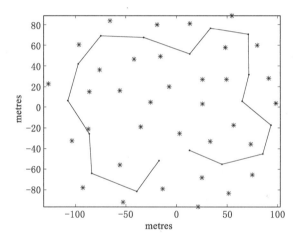

图 8-3　添加了路标和路径信息的仿真界面

仿真环境的绘制如下：

```
fig=figure;
plot(lm(1,:),lm(2,:),'b*')
hold on,axis equal
plot(wp(1,:),wp(2,:),'g',wp(1,:),wp(2,:),'g.')
xlabel('metres'),ylabel('metres')
set(fig,'name','EKF-SLAM Simulator')
h= setup_animations;
veh= [0 −WHEELBASE −WHEELBASE;0 −2 2];
```

其中,setup_animations. m 用于绘制 EKF-SLAM 的动画。

```
function h= setup_animations()
h. xv= patch(0,0,'r','erasemode','xor');% vehicle estimate
h. pth = plot (0, 0,'k.','markersize', 2,'erasemode','background');%
        vehicle path estimate
h. obs= plot(0,0,'y','erasemode','xor');% observations
h. xf= plot(0,0,'r+','erasemode','xor');% estimated features
```

（3）初始化:对机器人状态和相关变量进行初始化。

```
% Initialise states and other global variables
global XX PX DATA
xtrue= zeros(3,1);
XX= zeros(3,1);
PX= zeros(3);
DATA= initialise_store(XX,PX,XX);% stored data for off-line
% Initialise other variables and constants
dt= DT_CONTROLS;            % change in time between predicts
dtsum= 0;                   % change in time since last observation
ftag= 1:size(lm,2);         % identifier for each landmark
da_table= zeros(1,size(lm,2));% data association table
iwp= 1;                     % index to first waypoint
G= 0;                       % initial steer angle
QE= Q;RE= R;
```

其中,initialise_store. m 用于对机器人初始状态和方差储存。

```
function data= initialise_store(x,P,xtrue)
data. i=1;
data. path= x;
data. true= xtrue;
data. state(1). x= x;
data. state(1). P= diag(P);
```

（4）进行循环迭代的估计校正:利用先验状态由运动模型预测机器人的新

位置——预测阶段,基于观测模型得到环境路标,利用观测到的特征点再对预测到的机器人的位置进行更新校正——更新阶段,完成机器人的 EKF-SLAM。

%主循环

```
while iwp ~= 0
    [G,iwp]= compute_steering(xtrue,wp,iwp,AT_WAYPOINT,G,
RATEG,MAXG,dt);
    xtrue= vehicle_model(xtrue,V,G,WHEELBASE,dt);
    [Vn,Gn]= controlnoise(V,G,Q,SWITCH_CONTROL_NOISE);
    %EKF predict step
    predict (Vn,Gn,QE,WHEELBASE,dt);
    dtsum= dtsum + dt;
    if dtsum >= DT_OBSERVE
        dtsum= 0;
        [z,ftag_visible]= get_observations(xtrue,lm,ftag,MAX_
                            RANGE);
        z= observationnoise(z,R,SWITCH_SENSOR_NOISE);
        %EKF update step
        [zf,idf,zn,da_table]= data_associate_known(XX,z,ftag_
                            visible,da_table);
        ekf_updata(zf,RE,idf);
        augment(zn,RE);
    end
    store_data(XX,PX,xtrue);
    xv= trans2global(veh,XX(1:3));
    set(h.xv,'xdata',xv(1,:),'ydata',xv(2,:))
    set(h.pth,'xdata',DATA.path(1,1:DATA.i),'ydata',DATA.path(2,
1:DATA.i))
        if dtsum==0 & ~isempty(z) % plots related to observations
            set(h.xf,'xdata',XX(4:2:end),'ydata',XX(5:2:end))
        end
    drawnow
end
```

相应的子函数如下：

① compute_steering. m 用于判断机器人是否到达当前路径点，当机器人在当前时刻的位置与路径点的距离小于 1 m 时，则需要转弯。

```
function [G,iwp]= compute_steering(x,wp,iwp,minD,G,rateG,maxG, dt)

cwp= wp(:,iwp);
d2= (cwp(1)−x(1))^2 + (cwp(2)−x(2))^2;
if d2 < minD^2
    iwp= iwp+1;% switch to next
    if iwp > size(wp,2) % reached final waypoint,flag and return
        iwp=0;
        return;
    end
    cwp= wp(:,iwp);% next waypoint
end
% compute change in G to point towards current waypoint
deltaG= pi_to_pi(atan2(cwp(2)−x(2),cwp(1)−x(1)) − x(3) − G);
% limit rate
maxDelta= rateG * dt;
if abs(deltaG) > maxDelta
    deltaG= sign(deltaG) * maxDelta;
end
    % limit angle
G= G+deltaG;
if abs(G)> maxG
    G= sign(G) * maxG;
end
function angle = pi_to_pi(angle)
i= find(angle<−2 * pi | angle>2 * pi);
if ~isempty(i)
    angle(i)=angle(i)−round(angle(i)./(2 * pi)). * (2 * pi);
end
```

```
i= find(angle>pi);
angle(i)= angle(i)-2 * pi;
i= find(angle<-pi);
angle(i)= angle(i)+2 * pi;
```

② vehicle_model. m 为运动模型,用于在前向速度和偏向角控制量的作用下,通过转换方程预测下一运动状态(未加控制噪声)。

```
function xv= vehicle_model(xv,V,G,WB,dt)
xv= [xv(1) + V * dt * cos(G+xv(3,:));
xv(2) + V * dt * sin(G+xv(3,:));
      pi_to_pi(xv(3) + V * dt * sin(G)/WB)];
```

③ controlnoise. m 用于对机器人的运动模型增加服从高斯分布的控制噪声。

```
function [V,G]= controlnoise(V,G,Q,addnoise)
if addnoise == 1
    V= V + randn(1) * sqrt(Q(1,1));
    G= G + randn(1) * sqrt(Q(2,2));
end
```

④ predict. m 用于由前一时刻的状态预测当前时刻的状态。通过计算状态方程雅可比矩阵,得到一步预测状态和一步预测误差方差阵。

```
function predict (v,g,Q,WB,dt)
global XX PX
s= sin(g+XX(3));c= cos(g+XX(3));
vts= v * dt * s;vtc= v * dt * c;
% jacobians
Gv= [1 0 -vts;
     0 1  vtc;
     0 0 1];
Gu= [dt * c -vts;
     dt * s  vtc;
     dt * sin(g)/WB v * dt * cos(g)/WB];
% predict covariance
PX(1:3,1:3)= Gv * PX(1:3,1:3) * Gv' + Gu * Q * Gu';
```

```
if size(PX,1)>3
    PX(1:3,4:end)= Gv * PX(1:3,4:end);
    PX(4:end,1:3)= PX(1:3,4:end)';
end
% predict state
XX(1:3)= [XX(1) + vtc;
          XX(2) + vts;
          pi_to_pi (XX(3)+ v * dt * sin(g)/WB)];
```

⑤ get_observations. m 用于描述观测模型,即能得到从机器人位置观测到路标特征点的距离和角度(未加观测噪声)。

```
function [z,idf]= get_observations(x,lm,idf,rmax)
[lm,idf]= get_visible_landmarks(x,lm,idf,rmax);
z= compute_range_bearing(x,lm);
function [lm,idf]= get_visible_landmarks(x,lm,idf,rmax)
dx= lm(1,:) - x(1);
dy= lm(2,:) - x(2);
phi= x(3);
% incremental tests for bounding semi-circle
ii= find(abs(dx) < rmax & abs(dy) < rmax ...   % bounding box
    & (dx * cos(phi) + dy * sin(phi)) > 0 ...   % bounding line
    & (dx.^2 + dy.^2) < rmax^2);                % bounding circle
lm= lm(:,ii);
idf= idf(ii);
function z= compute_range_bearing(x,lm)
% Compute exact observation
dx= lm(1,:) - x(1);
dy= lm(2,:) - x(2);
phi= x(3);
z= [sqrt(dx.^2 + dy.^2);
    atan2(dy,dx) - phi];
```

⑥ observationnoise. m 用于对机器人的观测模型增加服从高斯分布的控制噪声。

```
function z= observationnoise(z,R,addnoise)
if addnoise == 1
    len= size(z,2);
    if len > 0
        z(1,:)= z(1,:) + randn(1,len) * sqrt(R(1,1));
        z(2,:)= z(2,:) + randn(1,len) * sqrt(R(2,2));
    end
end
```

⑦ data_associate_known 子函数用于描述数据融合问题。利用当前时刻传感器探测到的观测值对地图中已经存在的特征点进行更新。当检测到的观测值对应已有的特征点时,用当前观测值替代已有观测值;当检测到的观测值未对应已有的特征点时,将当前观测值作为新的特征点,从而,得到能检测到的特征点。

```
function [zf,idf,zn,table]= data_associate_known(x,z,idz,table)
zf= [];zn= [];
idf= [];idn= [];
% find associations (zf) and new features (zn)
for i=1:length(idz)
    ii= idz(i);
    if table(ii) == 0 % new feature
        zn= [zn z(:,i)];
        idn= [idn ii];
    else
        zf= [zf z(:,i)];
        idf= [idf table(ii)];
    end
end
Nxv= 3;% number of vehicle pose states
Nf= (length(x) - Nxv)/2;% number of features already in map
table(idn)= Nf + (1:size(zn,2));% add new feature positions to
lookup table
```

⑧ ekf_updata.m 用于由自身所带传感器获得的部分环境特征对当前时刻

所预测出的机器人位置进行更新。计算出最新观测和估计观测间误差,结合系统协方差计算卡尔曼滤波增益 K,并用 K 对机器人的估计位置进行校正,从而得到后验状态和方差。

```matlab
function ekf_updata(z,R,idf)
global XX PX
lenz= size(z,2);
lenx= length(XX);
H= zeros(2 * lenz,lenx);
v= zeros(2 * lenz,1);
RR= zeros(2 * lenz);
for i=1:lenz
    ii= 2 * i + (-1:0);
    [zp,H(ii,:)]= observe_model(XX,idf(i));
    v(ii)= [z(1,i)-zp(1);
        pi_to_pi(z(2,i)-zp(2))];
    RR(ii,ii)= R;
end
KF_cholesky_update(v,RR,H);
```

其中,KF_cholesky_update. m 用于计算卡尔曼增益,从而得到估计状态和估计方差。

```matlab
function KF_cholesky_update(v,R,H)
global XX PX
PHt= (H * PX)';
S= H * PHt + R;
S= (S+S') * 0.5;% ensure is symmetric
SChol= chol(S);
ScholInv= inv(SChol);% triangular matrix
W1= PHt * ScholInv;
W= W1 * ScholInv';
XX= XX + W * v;% update
PX= PX - W1 * W1';
```

observe_model. m 用于对观测模型进行预测。

```
function [z,H]= observe_model(x,idf)
Nxv= 3;% number of vehicle pose states
fpos= Nxv + idf * 2 − 1;% position of xf in state
H= zeros(2,length(x));
% auxiliary values
dx= x(fpos)  −x(1);
dy= x(fpos+1)−x(2);
d2= dx^2 + dy^2;
d= sqrt(d2);
xd= dx/d;
yd= dy/d;
xd2= dx/d2;
yd2= dy/d2;
% predict z
z= [d;
    atan2(dy,dx) − x(3)];
H(:,1:3)          = [−xd −yd 0;yd2 −xd2 −1];
H(:,fpos:fpos+1)= [ xd  yd;  −yd2  xd2];
```

⑨ augment. m 用于向量增广。在机器人传感器获得的观测信息中,通常不但有已知环境特征的观测也有新的环境特征的观测。把新观测到的路标位置状态添加到系统状态向量中。

```
function augment(z,R)
% add new features to state
for i=1:size(z,2)
    add_one_z(z(:,i),R);
end
function add_one_z(z,R)
global XX PX
len= length(XX);
r= z(1);b= z(2);
```

```
s= sin(XX(3)+b);
c= cos(XX(3)+b);
% augment x
XX= [XX;
    XX(1) + r * c;
    XX(2) + r * s];
% jacobians
Gv= [1 0 −r * s;
    0 1  r * c];
Gz= [c −r * s;
    s  r * c];
% augment P
rng= len+1:len+2;
PX(rng,rng)= Gv * PX(1:3,1:3) * Gv′ + Gz * R * Gz′;
PX(rng,1:3)= Gv * PX(1:3,1:3);PX(1:3,rng)= PX(rng,1:3)′;
if len>3
    rnm= 4:len;
    PX(rng,rnm)= Gv * PX(1:3,rnm);
    PX(rnm,rng)= PX(rng,rnm)′;
end
```

⑩ store_data. m 用于存储估计状态和估计误差协方差。

```
function store_data(x,P,xtrue)
global DATA
i= DATA. i + 1;
DATA. i= i;
DATA. path(:,i)= x(1:3);
DATA. true(:,i)= xtrue;
DATA. state(i). x= x;
DATA. state(i). P= diag(P);
```

⑪ trans2global. m 用于将机器人坐标转换为全局坐标。

```
function p = trans2global(p,b)
rot = [cos(b(3)) −sin(b(3));sin(b(3)) cos(b(3))];
p(1:2,:) = rot * p(1:2,:);
p(1,:) = p(1,:) + b(1);
p(2,:) = p(2,:) + b(2);
% if p is a pose and not a point
if size(p,1)==3
    p(3,:) = pi_to_pi(p(3,:) + b(3));
end
```

综上所述,得到 EKF-SLAM 仿真图如图 8-4 所示。

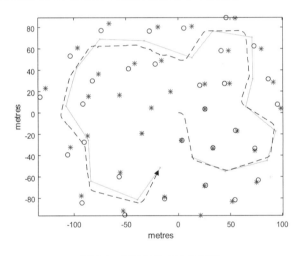

图 8-4　EKF-SLAM 仿真图

在图 8-4 中,实线和虚线分别表示实际路径和估计路径,星号表示实际路标位置,十字点表示估计的路标位置,在其周围的椭圆表示其观测的不确定性。

参 考 文 献

[1] RONALD C ARKIN. Introduction to Autonomous Mobile Robots[M]. 2th ed. Boston：Massachusetts Institute of Technology Press，2011.

[2] Ronald C. Arkin，Introduction to Autonomous Mobile Robots [M]. Boston：Massachusetts Institute of Technology Press，2006.

[3] 张明伟. 移动机器人室内特征观测与数据关联方法研究[D]. 哈尔滨：哈尔滨工程大学，2019.

[4] 高强. 基于激光测距仪的移动机器人同时定位与地图构建研究[D]. 大连：大连海事大学，2017.

[5] DO KYUNG KIMI，KYU YONG JUNG. Caffeine causes glycerophosphorylcholine accumulation through ryanodine-inhibitable increase of cellular calcium and activation of phospholipase A2 in cultured MDCK cells [J]. Experimental & Molecular Medicine，1998，3（30）：151-158.

[6] CYRILL STACHNISS，LEONARD J J，THRUN S. Simultaneous Localization and Mapping[M]. Springer Handbook of Robotics，2nd ed. 2016：1153-1176.

[7] THRUN S，BURGARD W，FOX D. Probabilistic Robotics[M]. Boston：Massachusetts Institute of Technology Press，2005.

[8] MIAH M S，GUEAIEB W，RAHMAN M A，et al. Autonomous dead-reckoning mobile robot navigation system with intelligent precision calibration[C]//2007 IEEE Instrumentation & Measurement Technology Conference IMTC 2007. Warsaw，Poland. IEEE：1-5.

[9] KWON S，YANG K，PARK S. An effective Kalman filter localization method for mobile robots[C]//2006 IEEE/RSJ International Conference on Intelligent Robots and Systems. Beijing，China. IEEE：：1524-1529.

[10] IVANJKO E，VASAK M，PETROVIC I. Kalman filter theory based mobile robot pose tracking using occupancy grid maps［C］//2005 International Conference on Control and Automation. Budapest, Hungary. IEEE，:869-874.

[11] NICK BARNES，ALEXANDER ZELINSKY. Exploration:Simultaneous Localization and Mapping（SLAM）［C］//Springer，Boston，MA，2016: 9-27.

[12] 赵翊捷,陈卫东. 基于地图的移动机器人定位技术新进展[J]. 上海交通大学学报,2002,36(10):1435-1438.

[13] AYACHE N，FAUGERAS O D. Maintaining Representations of the Environment of a Mobile RobotAutonomous Robot Vehicles,1989,5(6): 804-819.

[14] MORAVEC H,ELFES A. High resolution maps from wide angle sonar ［C］//Proceedings of 1985 IEEE International Conference on Robotics and Automation. St. Louis,MO,USA. IEEE,:116-121.

[15] THRUN S. Robotic mapping:A survey［C］//Exploring artificial intelligence in the new millennium,2002:1-31.

[16] TORNATIS N,NOURBAKHSH I,SIEGWART R. Hybrid simultaneous localization and map building:closing the loop with multi-hypotheses tracking［C］//Proceedings 2002 IEEE International Conference on Robotics and Automation (Cat. No. 02CH37292). Washington,DC,USA. IEEE,:2749-2754.

[17] THRUN S,GUTMANN J S,FOX D,et al. Integrating topological and metric maps for mobile robot navigation:A statistical approach［C］// AAAI/IAAI,1998:989-995.

[18] SMITH R，SELF M，CHEESEMAN P. Estimating uncertain spatial relationships in robotics［C］//Proceedings of 1987 IEEE International Conference on Robotics and Automation. Raleigh,NC,USA. IEEE,:850.

[19] DAVISON A J,KITA N. 3D simultaneous localisation and map-building using active vision for a robot moving on undulating terrain［C］//IEEE Computer Society Conference on Computer Vision and Pattern Recognition. IEEE,2001:I-384- I-391.

[20] SHANAHAN M,WITKOWSKI M. Robot navigation and map building with the Event Calculus[J]. Lecture notes in computer science,1999,16 (38):362-369.

[21] 赵淑强. 基于低成本激光传感器移动机器人 SLAM 研究与实现[D]. 济南: 山东大学,2017.

[22] TZAFESTAS S G. Introduction to Mobile Robot Control[C]//Elsevier Inc. ,2014:635-663.

[23] 胡玉文. 城市环境中基于混合地图的智能车辆定位方法研究[D]. 北京:北京理工大学,2014.

[24] 张明伟. 移动机器人室内特征观测与数据关联方法研究[D]. 哈尔滨:哈尔滨工程大学,2019.

[25] THRUN S, BURGARD W, FOX D. A probabilistic approach to concurrent mapping and localization for mobile robots[J]. Autonomous Robots,1998,31(1-3):29-53.

[26] SCHULZ D, BURGARD W. Probabilistic state estimation of dynamic objects with a moving mobile robot [J]. Robotics and Autonomous Systems,2001,34(2/3):107-115.

[27] NOURBAKHSH I,POWERS R,BIRCHFIELD S. DERVISH an office-navigating robot[J]. AI magazine,1995,16(2):53-60.

[28] 陈文栋. 移动机器人 SLAM 方法研究[D]. 南昌:华东交通大学,2014.

[29] AKAI N, OZAKI K. Trajectory Estimation of Mobile Robot Using Magnetic Field and Environmental Map Building[J]. IEEE 2015,1-4.

[30] 杨林,马宏伟,王岩,等. 煤矿巡检机器人同步定位与地图构建方法研究 [J]. 工矿自动化,2019,45(9):18-24.

[31] KURT K, MOTILAL A, RUFUS B M, et al. Mapping, navigation, and learning for off-road traversal[J]. Journal of Field Robotics,2010,26(1): 88-113.

[32] LEE S J,CHO D W,CHUNG W K,et al. Evaluation of features through grid association for building a sonar map[C]//Proceedings 2006 IEEE International Conference on Robotics and Automation,2006. ICRA 2006. Orlando,FL,USA. IEEE,:2615-2620.

[33] WIETRZYKOWSKI J, SKRZYPCZYŃ SKI P. PlaneLoc: Probabilistic

global localization in 3-D using local planar features[J]. Robotics and Autonomous Systems,2019,113:160-173.

[34] 徐曙.基于 SLAM 的移动机器人导航系统研究[D].武汉:华中科技大学,2014.

[35] 曲丽萍.移动机器人同步定位与地图构建关键技术的研究[D].哈尔滨:哈尔滨工程大学,2013.

[36] 李海丰,胡遵河,陈新伟.PLP-SLAM:基于点、线、面特征融合的视觉 SLAM 方法[J].机器人,2017,39(2):214-220.

[37] 袁佩然.主动配电网分布式鲁棒状态估计[D].济南:山东大学,2019.

[38] GEORGEYIN, QING ZHANG. Modeling, Stochastic Control, Optimization, and Applications [M]. Springer International Publishing,2019.

[39] ANAGAR STELAND,EWARYST RAFAJLOWICZ. Stochastic Models, Statistics and Their Applications [M]. Springer International Publishing,2015.

[40] DAN SIMON.最优状态估计:卡尔曼,H∞及非线性滤波[M].张勇刚,李宁,奔粤阳译.北京:国防工业出版社,2013.

[41] LEE S H,LEE B H. Kalman Consensus Based Multi-Robot SLAM with a Rao-Blackwellized Particle Filter[J]. Journal of Automation and Control Engineering,2015,3(5):368-372.

[42] 丁家栋.基于 Rao-Blackwellized 粒子滤波的移动机器人同时定位与地图创建算法的研究[D].合肥:合肥工业大学,2013.

[43] LI T C,BOLIC M,DJURIC P M. Resampling methods for particle filtering:classification,implementation,and strategies[C]//IEEE Signal Processing Magazine. IEEE,:70-86.

[44] DISSANAYAKE M W M G,NEWMAN P,CLARK S,et al. A solution to the simultaneous localization and map building (SLAM) problem[J]. IEEE Transactions on Robotics and Automation,2001,17(3):229-241.

[45] CASTELLANOS J A,MARTINEZ-CANTIN R,TARDÓS J D,et al. Robocentric map joining:improving the consistency of EKF-SLAM[J]. Robotics and Autonomous Systems,2007,55(1):21-29.

[46] KUNCHEVA L I. Using measures of similarity and inclusion for

multiple classifier fusion by decision templates[J]. Fuzzy Sets and Systems,2001,122(3):401-407.

[47] 刘浩. MATLAB R2016a 完全自学一本通[M]. 北京:电子工业出版社,2016.

[48] 胡中洋,刘锐之,刘萍. 基于 MATLAB 的森林经营方案编制程序设计[J]. 林业资源管理,2019(4):132-136.

[49] 徐建新,郑岩,郭庆. 基于 MATLAB/Simulink 的航空发动机原理实验平台开发[J]. 实验技术与管理,2019,36(10):111-114.

[50] 王正林,等. MATLAB/Simulink 与控制系统仿真[M]. 3 版. 北京:电子工业出版社,2012.

[51] STORMY ATTAWAY. MATLAB: A Practical Intrduction to Programming and Problem Solving [M]. 4th ed. Butterworth-Heinermann,2019.

[52] MUNTHER GDEISAT, FRANCIS LILLEY. MATLAB BY Example: Programming Basics[M]. Elsevier Science,2013.

[53] ATTAWAY S. Matlab: a practical introduction to programming and problem solving[M]. Beijing:Electronic Industry Press,2013.

[54] KALMAN R E. A new approach to linear filtering and prediction problems[J]. Journal of basic Engineering,1960,82(1):35-45.

[55] BISHOP G,WELCH G. An introduction to the kalman filter[J]. Proc of SIGGRAPH,Course,2001,41(8):23175-27599.

[56] BAUM M,NOACK B,HANEBECK U D. Kalman filter-based SLAM with unknown data association using Symmetric Measurement Equations [C]//2015 IEEE International Conference on Multisensor Fusion and Integration for Intelligent Systems. San Diego,CA,USA. IEEE,:49-53.

[57] SMITH R C,CHEESEMAN P. On the representation and estimation of spatial uncertainty[J]. The international journal of Robotics Research, 1986,5(4):56-68.

[58] LEONARD J J,DURRANT-WHYTE H F. Simultaneous map building and localization for an autonomous mobile robot[C]//Proceedings IROS′ 91:IEEE/RSJ International Workshop on Intelligent Robots and Systems ′91. IEEE,1991:1442-1447.

[59] BAILEY T, NIETO J, GUIVANT J, et al. Consistency of the EKF-SLAM algorithm [C]//2006 IEEE/RSJ International Conference on Intelligent Robots and Systems. Beijing, China. IEEE, :3562-3568.

[60] HUANG S, DISSANAYAKE G. Convergence Analysis for Extended Kalman Filter based SLAM [J]. IEEE Transactions on Robotics, 2007, 23 (5):1036-1049.

[61] PAZ L M, TARDÓS J D, NEIRA J. Divide and conquer: EKF SLAM in $O(n)$ [J]. IEEE Transactions on Robotics, 2008, 24(5):1107-1120.

[62] JULIER S, UHLMANN J, DURRANT-WHYTE H F. A new method for the nonlinear transformation of means and covariances in filters and estimators[J]. IEEE Transactions on Automatic Control, 2000, 45(3): 477-482.

[63] 王硕. 非理想条件下非线性滤波及多传感器信息融合算法研究[D]. 哈尔滨:哈尔滨工业大学, 2016.

[64] 李磊. 粒子滤波在结构损伤识别中的应用[D]. 南昌:南昌大学, 2018.

[65] JULIER S J, UHLMANN J K. A counter example to the theory of simultaneous localization and map building [C]//Proceedings 2001 ICRA. IEEE International Conference on Robotics and Automation (Cat. No. 01CH37164). Seoul, Korea (South). IEEE, :4238-4243.

[66] CASTELLANOS J A, NEIRA J, TARDÓS J D. Limits to the consistency of EKF-based SLAM [J]. IFAC Proceedings Volumes, 2004, 37(8): 716-721.

[67] FRESE U, LARSSON P, DUCKETT T. A multilevel relaxation algorithm for simultaneous localization and mapping [J]. IEEE Transactions on Robotics, 2005, 21(2):196-207.

[68] FENWICK J W, NEWMAN P M, LEONARD J J. Cooperative concurrent mapping and localization [C]//Proceedings 2002 IEEE International Conference on Robotics and Automation (Cat. No. 02CH37292). IEEE, 2002, 2:1810-1817.

[69] KIM S J. Efficient simultaneous localization and mapping algorithms using submap networks [D]. Boston: Massachusetts Institute of Technology, 2004.

[70] CHEN Z, DAI X, JIANG L H, et al. Adaptive iterated square-root cubature Kalman filter and its application to SLAM of a mobile robot[J]. TELKOMNIKA Indonesian Journal of Electrical Engineering, 2013, 11 (12): 7213-7221.

[71] OGUZ A E, TEMELTAS H. On the consistency analysis of A-SLAM for UAV navigation [C]//SPIE Defense + Security. Proc SPIE 9084, Unmanned Systems Technology XVI, Baltimore, Maryland, USA. 2014, 9084: 264-275.

[72] HUANG G P, MOURIKIS A I, ROUMELIOTIS S I. A quadratic-complexity observability-constrained unscented Kalman filter for SLAM [J]. IEEE Transactions on Robotics, 2013, 29(5): 1226-1243.

[73] CHEN S Y. Kalman filter for robot vision: a survey [J]. IEEE Transactions on Industrial Electronics, 2012, 59(11): 4409-4420.

[74] TIM-BAILEY. Home page of Tim Bailey. http://www-personal.acfr.usyd.edu.Au/tbailey/, 2014.10.24.

[75] AHMAD H, NAMERIKAWA T. Extended Kalman filter-based mobile robot localization with intermittent measurements[J]. Systems Science & Control Engineering, 2013, 1(1): 113-126.

[76] GAMAGE D, DRUMMOND T. Reduced Dimensionality Extended Kalman Filter for SLAM [C]// The 24th British Machine Vision Conference (BMVC 2013) University of Bristol, 2013: 1-11.

[77] CORKE P. Robotics, vision and control: fundamental algorithms in MATLAB[M]. Springer Science & Business Media, 2011.

[78] 代嘉惠, 许鹏程, 李小波. 二阶中心差分粒子滤波 FastSLAM 算法[J]. 控制理论与应用, 2018, 35(9): 1382-1390.

[79] LI J G, MENG Q H, WANG Y, et al. Odor source localization using a mobile robot in outdoor airflow environments with a particle filter algorithm[J]. Autonomous Robots, 2011, 30(3): 281-292.

[80] NAGAIAH C, KUNISCH K. A New Numerical Approximation CDD Method Based for Particle Filter Algorithm Research and Its Applications to TA System[C]//International Conference on Measuring Technology & Mechatronics Automation. IEEE Computer Society, 2011: 178-182.

[81] QIANG H S, LIANG J Z. Overview of particle filter algorithm[J]. Control & Decision,2005,4(20):361-367.

[82] JIANG Y,LI Z B,FANG J J,et al. Automatic video tracking of Chinese mitten crabs based on the particle filter algorithm using a biologically constrained probe and resampling[J]. Computers and Electronics in Agriculture,2014,106:111-119.

[83] WANG T T, GUO S Q. Overview of Particle Filter Algorithm[J]. Instrumentation Technology,2009,6(23):64-66.

[84] YI T H, LI H N, GU M. Characterization and extraction of global positioning system multipath signals using an improved particle-filter algorithm[J]. Measurement Science & Technology, 2011, 22（7）: 142-149.

[85] Yuhao S,Chen M,Zhenhua F. A Synthesized SVM and its application in fault diagnosis for circuit board based on virtual instrument[C]//2009 9th International Conference on Electronic Measurement & Instruments. Beijing,China. IEEE,:4-907.

[86] SAHA B,POLL S,GOEBEL K,et al. An integrated approach to battery health monitoring using Bayesian regression and state estimation[C]// 2007 IEEE Autotestcon. Baltimore,MD,USA. IEEE,:646-653.

[87] LUO J H, PATTIPATI K R, QIAO L,et al. Model-based prognostic techniques applied to a suspension system[J]. IEEE Transactions on Systems,Man,and Cybernetics - Part A:Systems and Humans,2008,38 (5):1156-1168.

[88] FARAJTABAR M, GOMEZRODRIGUEZ M, DU N, et al. Back to the Past:Source Identfication in Diffusion Networks from Partial Observed Cascades[C]//Georgia Institude of Technology MPI for Software systems,Stony Brook University. 2015:232-240.

[89] QIU H,LEE J,LIN J,et al. Wavelet filter-based weak signature detection method and its application on rolling element bearing prognostics[J]. Journal of sound and vibration,2006,289(4-5):1066-1090.

[90] 韩锟,张赫.基于果蝇优化算法改进的粒子滤波及其在目标跟踪中的应用[J].湖南大学学报(自然科学版),2018,45(10):130-138.

[90] 韩锟,张赫. 基于果蝇优化算法改进的粒子滤波及其在目标跟踪中的应用 [J]. 湖南大学学报(自然科学版),2018,45(10):130-138.

[91] HENG A, ZHANG S, TAN A C C, et al. Rotating machinery prognostics:state of the art,challenges and opportunities[J]. Mechanical Systems and Signal Processing,2009,23(3):724-739.

[92] PENG C Y,TSENG S T. Mis-specification analysis of linear degradation models[J]. IEEE Transactions on Reliability,2009,58(3):444-455.

[93] UILHOORN F E. A particle filter-based framework for real-time state estimation of a non-linear hyperbolic PDE system describing transient flows in CO_2 pipelines[J]. Computers & Mathematics With Applications, 2014,68(12):1991-2004.

[94] SHEINSON D M, NIEMI J, MEIRING W. Comparison of the performance of particle filter algorithms applied to tracking of a disease epidemic[J]. Mathematical Biosciences,2014,255:21-32.

[95] PARK C, PADGETT W J. Accelerated degradation models for failure based on geometric Brownian motion and Gamma processes[J]. Lifetime Data Analysis,2005,11(4):511-527.

[96] 李瑶瑶,王海斌,徐鹏,等. 联合方位-径向速度的粒子滤波目标运动分析 [J]. 声学学报,2019,44(4):523-533.

[97] WANG X. Wiener processes with random effects for degradation data [J]. Journal of Multivariate Analysis,2010,101(2):340-351.

[98] SHAO S,BI J,YANG F,et al. On-line estimation of state-of-charge of Li-ion batteries in electric vehicle using the resampling particle filter[J]. Transportation Research Part D:Transport and Environment,2014,32: 207-217.

[99] PHELPS E,WILLETT P,KIRUBARAJAN T,et al. Predicting time to failure using the IMM and excitable tests[J]. IEEE Transactions on Systems,Man,and Cybernetics - Part A:Systems and Humans,2007,37 (5):630-642.

[100] DONG F,LIU Z,KONG D,et al. Adapting the Sample Size in Particle Filters Through KLD-Sampling[J]. International Journal of Robotics Research,2010,22(12):985-1003.

[101] GRISETTI G. Improving Grid-based SLAM with Rao-Blackwellized Particle Filters by Adaptive Proposals and Selective Resampling[C]// IEEE 2005. 2005:2432-2437.

[102] 杜晨,杜煜,杨硕,等. 基于移动机器人的同步定位与地图构建技术的研究综述[J]. 计算机科学,2018,45(10A):207-211.

[103] MONTEMARLO M. FastSLAM:A factored solution to the simultaneous localization and mapping problem[C]//Proceedings of the AAAI National Conference on Artificial Intelligence, Edmonton, Canada,2002. American Association for Artificial Intelligence,2002: 241-248.

[104] MONTEMERLO M,THRUN S. Simultaneous localization and mapping with unknown data association using FastSLAM [C]//2003 IEEE International Conference on Robotics and Automation (Cat. No. 03CH37422). Taipei,Taiwan,China. IEEE,:1985-1991.

[105] KIM C,SAKTHIVEL R,CHUNG W K. Unscented FastSLAM:a robust and efficient solution to the SLAM problem [J]. IEEE Transactions on Robotics,2008,24(4):808-820.

[106] CUGLIARI M,MARTINELLI F. A FastSLAM Algorithm Based on the Unscented Filtering with Adaptive Selective ResamplingField and Service Robotics,2008.

[107] LI P H,ZHANG T W,PECE A E C. Visual contour tracking based on particle filters[J]. Image and Vision Computing,2003,21(1):111-123.

[108] GUIVANT J E, NEBOT E M. Optimization of the simultaneous localization and map-building algorithm for real-time implementation [J]. IEEE Transactions on Robotics and Automation, 2001, 17 (3): 242-257.

[109] CHENG J T,KIM J,JIANG Z Y,et al. Compressed unscented Kalman filter-based SLAM [C]//2014 IEEE International Conference on Robotics and Biomimetics. Bali,Indonesia. IEEE:1602-1607.

[110] 李昊. 基于激光雷达的二维即时定位与制图技术研究[D]. 南京:东南大学,2018.

[111] 程兰,王志远,陈杰,等. 基于粒子滤波和滑动平均扩展 Kalman 滤波的多

径估计算法[J]. 电子与信息学报,2017,39(3):709-716.

[112] 冯昆. 基于 PDR/BLE 的 EKF 室内融合定位系统研究与实现[D]. 徐州:
中国矿业大学,2018.